Der Praktiker in der Werkstatt

Hinweise für die rationelle Ausnutzung von Werkstätten des Maschinenbaues

von

Valentin Retterath

Direktor der Magdeburger Werkzeugmaschinenfabrik A.-G.

Mit 107 Textabbildungen

Springer-Verlag Berlin Heidelberg GmbH 1927

ISBN 978-3-662-38677-4 ISBN 978-3-662-39551-6 (eBook)
DOI 10.1007/978-3-662-39551-6
Softcover reprint of the hardcover 1st edition 1927

Vorwort.

Wieder und wieder während meiner jahrelangen Praxis habe ich den Widerstreit der Auffassungen über die Gesichtspunkte empfunden, die für eine praktische Betriebsführung maßgebend sein sollen, und es hat sich mir die Überzeugung aufgedrängt, daß dieser Widerstreit in der Hauptsache daher rührt, daß in vielen Fällen eine merkbare Kluft zwischen den Führern aus Theorie und Praxis keine ersprießliche Zusammenarbeit aufkommen läßt. In dieser Erkenntnis und aus dem Wunsche heraus, dazu beizutragen, diese Kluft zu überbrücken, ist dieses Büchlein entstanden, das keinen Anspruch darauf erhebt, die einzelnen Fragen in erschöpfender Weise und nach wissenschaftlichen Grundsätzen zu behandeln, sondern in dem nur ein erfahrener Praktiker Fingerzeige und Hinweise geben will für all das, was ihm zu erfolgreicher Betriebsführung beachtenswert erscheint, und in dem er zeigt, wie wichtig auch die namentlich vom Wissenschaftler meist gering geachteten oder gar übersehenen Nebensächlichkeiten für eine geregelte Betriebsführung sind.

Ich habe die Form eines Feuilletons gewählt, um den spröden Stoff etwas zu beleben und unterhaltender zu gestalten. Es sind durchweg praktische Vorschläge und Gedanken darin niedergelegt, welche den wirtschaftlich denkenden Betriebsmann — den Wissenschaftler sowohl wie den Praktiker — dazu anregen sollen, die verschiedenen Betriebsmethoden im einzelnen zu studieren und im kleinen wie im großen an ihrer Verbesserung zu arbeiten. Mögen alle, an die es sich wendet — und das sind nicht nur die Führenden allein, sondern auch alle Unterführer und nicht zuletzt das große Heer der Geführten —, neue Anregungen und Winke daraus schöpfen und danach handeln!

Wäge, wage — dann entschlossen
Führe deine Absicht aus!
Hindernisse überwinde,
Und der Sieg fällt dir ins Haus!

Magdeburg, im Oktober 1927.

V. Retterath.

Dr. Frischauf
Bankdirektor.

München, 10. 3. 1927.

Herrn

Oberingenieur Flott,

Düsseldorf.

Sehr geehrter Herr!

Ich habe die Absicht, in einem stillgelegten, gut eingerichteten Werk (allgemeiner Maschinenbau) eine neue Fabrikation aufzuziehen. Von befreundeter Seite auf Ihre geschätzte Person aufmerksam gemacht, möchte ich mich, bevor ich mich mit den Vorarbeiten weiterbeschäftige, mit Ihnen über einige in Ihr Fach einschlägige Fragen unterhalten. Ich habe mich in dieser Angelegenheit auch an den Ihnen bekannten Herrn Professor Wisser gewandt, welcher mich am 15. 3. vorm. 9 Uhr besuchen will. Ich würde Ihnen außerordentlich dankbar sein, wenn Sie es ermöglichen könnten, zur gleichen Zeit bei mir vorzusprechen; im anderen Falle bitte ich höflichst um Ihren telephonischen Anruf.

Für freundliche Erfüllung meiner Bitte im voraus verbindlichst dankend, begrüße ich Sie

mit vorzüglicher Hochachtung
Dr. Frischauf.

Nachdenklich und langsam überliest Oberingenieur Flott zu wiederholten Malen diesen Brief und faßt den Entschluß, der Einladung Folge zu leisten. Zur festgesetzten Zeit findet er sich bei Dr. Frischauf ein und trifft dort schon im Vorzimmer mit Professor Wisser zusammen, den er bereits in die Fachliteratur vertieft vorfindet. Da sich Dr. Frischauf noch für kurze Zeit entschuldigen läßt, kommen die Herren ins Gespräch, das bald bei dem Thema „Moderne Massenfabrikation, Rentabilität, Absatzmöglichkeit usw.“ anlangt, wobei sich herausstellt, daß Professor Wisser ein eifriger Verfechter der Fabrikation am laufenden Band ist und diese Methode möglichst in jeden Betrieb verpflanzt wissen will. Oberingenieur Flott nimmt die Gelegenheit wahr und beginnt, seine Meinung darzulegen, eingehend auf das Wort „verpflanzen“.

„Mein lieber Herr Professor! Verpflanzen kann ich ein System der Arbeit nur dann, wenn die Vorbedingungen dazu gegeben sind, d. h. wenn einmal der Boden „Arbeiterfragen“ in bezug auf Intelligenz — Nachwuchs — vorbereitet ist, und dann, wenn das Klima — Arbeiterwohlfahrt — zuträglich ist. Sind diese Vorbedingungen gegeben, so sind zuerst Pflänzlein einzupflanzen, welche nach und nach sich festwurzeln und Samen zur Vermehrung gleicher Art tragen. Auch das erste Fordsche Band war ein Bändchen. Leider sind die Begriffe über die Fabrikation am Band auch in den Kreisen der Betriebsfachleute verworren. Jede fließende Fabrikation, bei welcher das Arbeitsstück am Arbeitsplatz kontrolliert wird, also brauchbar oder ergänzt von Operation zu Operation wandert, sei es in Zählbrettern oder fahrbaren Zählstellagen, ist sinngemäß eine Fabrikation am Band — ein Verfahren, welches entgegen der allgemeinen Auffassung nicht von Amerika übernommen, sondern bei uns, beispielsweise in der Gewehrfabrikation bzw. -massenfabrikation schon seit Jahrzehnten durchgeführt wird. Die Mehrzahl der Deutschen ist dazu geneigt, jede uns in amerikanischen Zeitschriften und Büchern dargereichte Gabe unbesehen als das Vollendetste hinzunehmen, trotzdem es sich bei diesen Veröffentlichungen meist um die Freigabe bereits veralteter, zum mindesten unvollständiger Arbeitsmethoden handelt. Hier liegt auch ein Körnchen Wahrheit für die Behauptung der vom Besuch amerikanischer Werke Heimgekehrten, wir seien in der Fabrikation gegenüber den Amerikanern um Jahre zurück.

In den weitaus meisten Fällen wird ohne Rücksicht auf den Zusammenhang versucht, Arbeitsverfahren zu kopieren, anstatt unter Berücksichtigung der Absatzmöglichkeit die Einrichtung zur Bearbeitung folgerichtig auf die geforderte Menge abgestimmt aufzubauen. Die wirtschaftliche Fertigung hängt in jedem Falle von dem Umfange der Absatzmöglichkeit ab; es sei denn, daß es sich um ein gegen Konkurrenz geschütztes Fabrikat handelt, welches ohne Rücksicht auf den Preis vom Markte verlangt wird. Solche Fälle sind aber äußerst selten. Einer Einrichtung auf Massenfabrikation, soll diese sich wirtschaftlich auswirken, muß in jedem Falle der gründliche Ausbau der Verkaufsorganisation vorausgehen. Wo diese Basis nicht zuerst geschaffen wird, zum mindesten aber der Fabrikation gegenüber einen Vorsprung hat, ist mit einer störungsfreien Massenfabrikation nicht zu rechnen. Ich muß deshalb betonen, daß uns in Deutschland in keinem Falle das Kopieren von amerikanischen Arbeitsmethoden nottut, aber in den meisten unserer Unternehmungen eine Nachahmung der amerikanischen Verkaufspraktiken.

Eine Probe auf das Exempel, daß der deutsche Betriebsfachmann seinen Mann stellt, ist durch den Weltkrieg erbracht. Mit den primitivsten Mitteln wurden Einrichtungen geschaffen, die man vordem nicht für möglich gehalten hätte. Hier war auch zum ersten Male in größerem Ausmaße Gelegenheit, zu sehen, wie Theorie und Praxis Hand in Hand die gestellten Aufgaben lösten. Der Grund für diese gute Zusammenarbeit lag in dem Zwang, gegen eine Welt von Munitionsherstellern in die Schranken zu treten. Die Lösung der Aufgabe bis zu dem erfolgten Grade war nur möglich, weil unbegrenzte Mengen gefertigt werden durften, der Absatz also gesichert war, und weil die Kapitaleigner willig waren, die zur Einrichtung benötigten Mittel zur Verfügung zu stellen. Diese letztere Voraussetzung trifft in der gegenwärtigen Zeit höchst selten zu. Die beispiellose Entwicklung des Fordschen Unternehmens ist darauf zurückzuführen, daß es einen Artikel fabriziert, welcher, preiswert hergestellt, vom Markte verlangt wird. Es ist Träger seiner Fabrikationsideen sowohl als auch seiner Verkaufspraktiken. Ford zwang den um ihn sich scharenden Mitarbeitern sein System auf. Nach dem Anfangserfolg behielt er seine Unabhängigkeit und konnte deshalb schalten und walten, ohne einen schwerfälligen und u. U. doch durch keinerlei Sachkenntnis belasteten Aufsichtsapparat in Bewegung setzen zu müssen. Den erzielten Überschuß stellte er der gleichen Produktionsidee zur Verfügung. Die Folge war, im ganzen genommen, eine Verfeinerung der Arbeitsmethoden, die dem Unternehmen und allen Beteiligten reichen Gewinn brachte. Ein Ford hat das große Werk vollbracht, eine Idee, ein Geist, ein Wille — ob etwa zwei Gebrüder Ford das gleiche vollbracht hätten, ist zu bezweifeln. Wir haben in Deutschland genügend Beispiele aus den letzten Jahrzehnten, wie einzelne Ideenträger zu vollen Erfolg und Weltruf durch ihre Erzeugnisse gekommen sind. Es erübrigt sich, sie aufzuzählen. Es waren Männer, zielbewußte Charaktere, unabhängige Führer, also nicht Geführte.

Die kurz hinter uns liegende Zeit der größten wirtschaftlichen Not hat das Vertrauen der Kapitaleigner zu den Industrieunternehmungen allgemein so erschüttert, daß die meisten Firmen, von der Hand in den Mund lebend, eine Umstellung auf Massenabsatz wegen Mangels an Mitteln nicht leisten zu können glauben. Es wird dadurch immer seltener als bisher, daß sich ein Führer so viel Vertrauen erwerben kann, um sich aus der großen Masse herauszuschälen. Wir müssen also von unten im Betriebe anfangen und den Gedanken einpflanzen, daß die zweckmäßigste Einrichtung auch für die nebensächlichsten Teile der Fabrikation die wirtschaftlichste Produktion gewährleistet. Zu diesem Zwecke brauchen wir nicht nach Amerika zu gehen, um die kompliziertesten Einrichtungen und Spezialmaschinen zu sehen, welche ohne bleibenden Wert kinematographisch an unseren Augen vorbeiziehen, sondern wir müssen Arbeitsmethoden studieren, welche auf unsere Verhältnisse ohne Schwierigkeiten Anwendung finden können. Wir müssen unsere Hauptaufgabe auf dem Gebiet sehen, die kommenden Betriebsfachleute mehr als bisher auf zeitsparende Arbeitsmethoden heranzubilden. Es muß der Ehrgeiz eines jeden in die Praxis tretenden Betriebsingenieurs sein, irgendein Arbeitsverfahren aus eigenem Können zu verbessern. Damit ist uns mehr gedient als mit dem Entwurf einer neuen Kartothek, wie es heute bei der Mehrzahl der von der Schule kommenden Ingenieure der Fall ist. Verfallen wir auch nicht in den Fehler, bei den jetzt in Aussicht genommenen Praktikantenunterweisungsstellen die Theorie in den Vordergrund zu stellen! Der Praxis gehört doch der größte Teil unserer Zukunft. Man gebe den jungen Herren Gelegenheit, sich selbst Aufgaben zu stellen, anstatt von ihnen Lösungen auf Gebieten zu verlangen, welche außer als Prüfungsgegenstand nie mehr im Leben in Betracht kommen! Vor allem ist Bedingung, daß die intelligenten Leute auch die entsprechende Förderung erfahren. Nur auf diesem Wege können bleibende Werte geschaffen werden, welche befruchtend auf die Mitarbeiter wirken.

Ich muß die Frage aufwerfen, Herr Professor: Wo liegt die Neubefruchtung? — Bei unserer für die Einrichtung verantwortlichen Intelligenz! — Wer geht nach Amerika zum Studium der Arbeitsverfahren? Generaldirektoren, Direktoren, Professoren — also Männer, welche nach deutschen Verhältnissen sehr wenig von dem Gesehenen in den Betrieb „verpflanzen" können. Der Kontakt mit dem Betrieb fehlt in den weitaus meisten Fällen. Mögen Aufsätze, Vorträge, Referate noch so geschickt im Aufbau sein, mögen die Doktordissertationen und die Diplomarbeiten wissenschaftlich und theoretisch auf der Höhe der Anforderungen stehen — dem Betrieb ist in wirtschaftlicher Hinsicht damit wenig gedient. Mit der Praxis müssen die Herren vertraut gemacht werden! Heute glückt es nur Wenigen von denen, die die Hochschule verlassen, gleich in den ersten Jahren nach beendigtem Studium sich erfolgreich zu behaupten. Ich bin überzeugt, daß bei einer Rundfrage bei den Herren, welche im letzten Jahrzehnt die Hochschule verlassen haben, sich eine Menge von reformatorischen Ansichten über den Lehrplan für das Maschineningenieurstudium zeigen würde. Die Gegensätze zwischen Theorie und Praxis kommen dort am schärfsten zum Ausdruck, wo ein geschulter Facharbeiterstamm wirkt. Wo soll die Erfahrung herkommen, die erforderlich ist, um sich die Achtung eines in der Arbeit ergrauten Meisters oder Arbeiters zu erzwingen? Wohl habe ich in meiner Praxis manchen jungen Ingenieur kennengelernt, der sich während seiner Studienzeit mit wahrer Begeisterung bei jeder sich bietenden Gelegenheit darauf verlegte, der Praxis etwas abzulauschen; es sind tüchtige, gesuchte Leiter daraus geworden. Aber wie wenigen ist diese Gelegenheit geboten! In der kurzen praktischen Tätigkeit, die die höheren technischen Lehranstalten in ihren Aufnahmebedingungen vorschreiben, ist es den jungen Leuten kaum möglich, sich auch nur die elementarsten Regeln der Praxis anzueignen, es sei denn, daß außergewöhnlicher Wissensdrang und Aufnahmefähigkeit des Studierenden diesem ermöglicht, in das praktische Arbeitsverfahren einzudringen.

Nach meiner Meinung müßte also vor allem eine Reform des Lehrplanes der technischen Lehranstalten angestrebt werden, und ich bin überzeugt, daß es dabei an Mitarbeitern nicht fehlen würde."

„Ihre Ausführungen, mein lieber Herr Flott, waren mir außerordentlich interessant, und ich kann nicht umhin, Ihnen zum großen Teil beizupflichten. Aber die Möglichkeit muß doch vorhanden sein, daß der Theoretiker Hand in Hand mit dem Praktiker einen solchen Fragenkomplex, wie Sie ihn aufrollen, löst!"

„In vielen Fällen wird dies möglich sein, Herr Professor; in anderen Fällen wird es jedoch daran scheitern, daß beide nicht dieselbe Sprache beherrschen — Theorie und Praxis haben je für sich ihre eigene Sprache — daß also die gegenseitige Verständigung schwer fällt. Hier komme ich auf einen weiteren Punkt: die Erziehung unserer Intelligenz vom Facharbeiter bis zum Leiter. Auch in unseren Fortbildungsschulen muß der Lehrplan begrifflich auf den Lehrplan der technischen Lehranstalten eingestellt sein, so daß die Absolventen eine Sprache sprechen, die Sprache der Werkstattpraxis."

„Im Grunde genommen, mein lieber Herr Flott, sehe ich keine unüberwindlichen Schwierigkeiten, Ihre Ansichten zu verwirklichen!"

„Unüberwindlich sind die Schwierigkeiten nicht, Herr Professor, — aber wo sind die Überwinder? Wo sind die Männer der Tat, welche sich solchen Aufgaben unterziehen? Die meisten der in Betracht kommenden Männer lassen sich doch zuviel durch Parteipolitik in Anspruch nehmen und haben daher für die aufgeworfenen wirtschaftlichen Fragen und deren Lösung wenig Verständnis. Dieses Verständnis zu wecken, ist eine lohnende Aufgabe der technischen Lehranstalten; die Absolventen müssen dort gelernt haben, ihre späteren Mitarbeiter nach anderen Gesichtspunkten zu werten als nach Wissen und Besitz. Erst wenn sämtliche im Produktionsprozeß Tätigen — Leiter und Geleitete — sich gegenseitig als Mitarbeiter anerkennen, wird die Gesundung der Wirtschaft sichtbare Fortschritte machen. — Sie sehen, Herr Professor, daß ich den allergrößten Wert auf ein enges, verständnisvolles Zusammenarbeiten von Theorie und Praxis lege, und ich wiederhole nochmals, daß in bezug auf den Lehrplan der bestehenden technischen Bildungsstätten eine Änderung eintreten muß, sollen wir unsere Weltgeltung auf dem Maschinenmarkt behalten und weiter ausgestalten."

Die Unterhaltung wird unterbrochen durch das Hinzukommen von Dr. Frischauf, der die Herren bittet, in sein Privatkontor einzutreten. Er hat die letzten Worte Flotts noch mit angehört und daraus ersehen, daß die beiden Herren schon mitten im Thema sich befinden.

Dr. Frischauf entschuldigt sich zunächst, daß er die Herren hat warten lassen müssen; es sei soeben der Angestelltenrat in einer sehr dringlichen Angelegenheit bei ihm gewesen.

„Lassen Sie mich nun zu der eigentlichen Veranlassung unserer Zusammenkunft übergehen: Wie Ihnen bereits bekannt, beabsichtige ich, ein stillgelegtes Werk wieder in Betrieb zu setzen, und zwar für die Fabrikation einer bisher fast nur aus dem Ausland bezogenen Spezialmaschine. Wenn die Rentabilität der Fabrikation im Voranschlag nachgewiesen werden kann, stellt meine Interessentengruppe genügend Kapital zur Verfügung. Nur möchte ich, ehe ich mich mit den Vorarbeiten beschäftige, die grundlegenden Fragen mit Ihnen erörtern. Als solche betrachte ich die Frage der Rentabilitätsmöglichkeit, der Höhe des Kapitalbedarfes, der Zeit, zu welcher der Betrieb voraussichtlich Gewinn abwirft."

Professor Wisser erwidert, daß die Beantwortung der vorgelegten Fragen ein gründliches Studium der ganzen Materie erfordert, und schlägt vor, zunächst die Unterfragen, die sich zweifellos im Laufe der Unterhaltung ergeben, festzuhalten, um eine planmäßige Klärung herbeizuführen. Beide Herren stimmen dieser Anregung zu und Dr. Frischauf übernimmt es, diese Unterfragen zu notieren.

Flott bemerkt: „Die von Herrn Dr. Frischauf als grundlegend bezeichneten Fragen können wohl, vom finanztechnischen Standpunkte aus gesehen, ausschlaggebend sein für oder gegen die Aufnahme einer neuen Fabrikation; sie sind es aber nicht vom volkswirtschaftlichen Standpunkte aus. Auch ein Unternehmen, welches ohne Überschuß arbeitet, leistet dem Staate und damit der Allgemeinheit einen Dienst, ist also gewinnbringend, zum mindesten substanzerhaltend. Bevor auf die aufgeworfenen Fragen überhaupt eingegangen werden kann, müssen meiner Auffassung nach drei Vorbedingungen erfüllt sein: geeigneter Arbeiterstamm; sach- und fachkundige Führer; geeignete Wohnverhältnisse für die Arbeitnehmer. Von der Erfüllung dieser Vorbedingungen hängt die Beantwortung der gestellten Fragen ganz und gar ab; je weiter die Vorbedingungen entwickelt sind, desto günstiger werden sich die grundlegenden Fragen beantworten lassen.

Die Frage der Rentabilität ist stets zu bejahen, wenn der Artikel frei ist und auf dem Weltmarkte verlangt wird; denn in diesem Falle ist der Preis offen.

Der Kapitalbedarf für die Einrichtung oder Umstellung einer Fabrikation ist abhängig von der Größenordnung des beabsichtigten Umsatzes. Diese Frage kann nur in Verbindung mit der letzten Frage über den Zeitpunkt, bis zu welchem die Fabrikation Gewinn abwirft, beantwortet werden.

Die Erfahrungen lehren, daß es am besten ist, ein „Aufziehen" der Fabrikation vorzunehmen, d. h. die Aufnahme der Vorarbeiten mit wenigen, aber geschulten Kräften, und eine allmähliche Entwicklung der Vorarbeiten bis zur ordnungsmäßigen Fabrikation.

Der ersten Frage nach der Rentabilität setze ich die Unterfrage hinzu: Wann lohnt sich die Einrichtung einer Fabrikation?

Vorausschickend möchte ich betonen, daß es mir fernliegt, hierfür bestimmte Thesen aufzustellen. Ich möchte nur auf Grund mehr als 30jähriger Erfahrung diejenigen Punkte herausschälen, welche, soll ein Fehlschlag vermieden werden, nach meiner Auffassung vor Beantwortung dieser Frage betrachtet werden müssen.

Handelt es sich um die Neueinrichtung der Fabrikation eines bereits auf dem Markte befindlichen und verlangten Fabrikates, so ist Grundbedingung, dieses Fabrikat in bezug auf Funktion, Ausführung und Patentschutz kennenzulernen, man muß es also kaufen und — möglichst unter Fühlungnahme mit den Spezialisten — studieren. Die nächste Aufgabe besteht darin, die bisherigen Kundenreklamationen und Kundenwünsche restlos zu erforschen, denn diese sind der einzige Gradmesser für die Güte, also den Marktwert des Fabrikates, — ein Barometer, welches die ganze Entwicklung eines Werkes beeinflußt. Der Stand dieses Barometers muß einer dauernden Beobachtung unterworfen sein, soll es nicht auf den Gefrierpunkt, d. h. den Stillstand der Fabrikation, zurückfallen.

Bei der Durcharbeitung dieser Fragen entstehen, vorausgesetzt, daß ein schöpferisch veranlagter Einrichtungsingenieur, welcher sämtliche einschlägigen Arbeitsmethoden beherrscht, damit betraut wird, die ersten Lohn und Bearbeitung sparenden Verbesserungen. Die wichtigsten Bauteile werden zuerst einer Prüfung unterzogen und festgelegt, alles unter dem Gesichtswinkel: qualitativ ein besseres Fabrikat und quantitativ pro Arbeitsstunde eine Höchstleistung zu erzielen, ohne Begrenzung des Stundenverdienstes des Arbeiters nach oben. Hier steht also lediglich die Frage der Zweckmäßigkeit der Einrichtung im Vordergrund.

Die Zweckmäßigkeit muß deshalb betont werden, weil die Mehrzahl der mit Einrichtungen betrauten Führer auf dem Standpunkte steht, Spezialautomaten, Sepzialmaschinen, Spezialvorrichtungen auf dem freien Markte kaufen zu müssen, welche in den wenigsten Fällen restlos für den geforderten Zweck gebaut sind. Hier muß erwähnt werden, daß die meisten der auf dem Markte befindlichen Spezialbearbeitungsmaschinen mit überflüssigen Schnittgeschwindigkeiten, Vorschubgeschwindigkeiten, Rechts- und Linksgang eingerichtet sind — ein Umstand, welcher wohl für die Serienfabrikation der Werkzeugmaschinenfabrik zu begrüßen ist. Vom Abnehmerstandpunkte aus betrachtet ist aber nicht zu begrüßen die durch den höheren Anschaffungspreis bedingte höhere Amortisation, der höhere Kraftverbrauch für den Leerlauf der nichtbenutzten Teile, Verschleiß und Ersatz der Teile jahraus jahrein. Als Beispiele seien genannt Schroppdrehbänke, Radial- und Vertikalbohrmaschinen mit Stufenräderkasten, Automaten, welche für Dauerbetrieb auf den gleichen Artikel eingestellt sind. Eine als Spezialmaschine hergestellte und eingerichtete Maschine wird unter diesem Gesichtswinkel wirtschaftlicher arbeiten.

Wie die späteren Ausführungen zeigen werden, ist es in den wenigsten Fällen möglich, eine zweckentsprechende, nicht zu teure Maschine auf dem Maschinenmarkte zu erhalten. Es muß also fast immer die Maschine oder Vorrichtung dem Fabrikat angepaßt, im eigenen Betriebe entworfen resp. ausgeführt werden. Die amerikanische Industrie ist der deutschen in diesen Dingen weit voraus. Es ist wünschenswert, daß sich der deutsche Werkzeugmaschinenbau mehr als bisher darauf verlegt, auch hierin führend vorzugehen und Normalbauteile, welche eine Kombination von Einzelspezialmaschinen gestatten, anzufertigen. Vielleicht genügt es, für den Übergang eine Beratungsstelle einzurichten, welche in der Lage ist, Maschinenbauteile, die ohne Kenntnis der Fertigungsstelle nicht ohne weiteres auf dem Markt zu haben sind, nachzuweisen. Es handelt sich um Betten, Spindelstöcke, Bohrköpfe, Bettschlitten, Supporte u. dgl. Teile, welche ohne weiteres für Einzelmaschinen adaptiert werden können. Hierdurch wäre beiden Teilen geholfen, dem Einrichter und dem Maschinenfabrikanten. Die meist unsachgemäße Sonderkonstruktion käme in Wegfall und dem Werkzeugmaschinenfabrikanten könnte das in Serien hergestellte Maschinenelement abgenommen werden.

Die Selbstanfertigung von Spezialeinrichtungen soll natürlich nur dann vorgenommen werden, wenn eine leistungsfähige Einrichtung nicht auf dem Markte zu haben ist. Viele Betriebsleiter setzen ihren Stolz darein, sich die Werkzeuge, Fräser, Reibahlen usw. selbst herzustellen. In keinem Falle wird es jedoch gelingen, ein erstklassiges Fabrikat billiger herzustellen, als dasselbe von einer gut geleiteten Spezialfirma zu beziehen ist.

Kein Gebiet der Technik weist eine solche Anzahl von gangbaren Wegen zur Bearbeitung von Maschinenelementen auf wie der Vorrichtungs- und Apparatebau. Auf diesem Gebiete kann je nach der Auffassung und Begabung des mit der Fabrikationseinrichtung Betrauten ein großer Verlust oder ein entsprechender Gewinn erzielt werden. Dabei ist die Höhe der gezahlten Löhne, d. h. der Gesamtverdienst des Arbeitnehmers, ohne Belang. Jeder zu fabrizierende Teil, jede Maschine stellt einen Marktwert dar, welcher sich in bezug auf Qualität durch Angebot und Nachfrage selbsttätig reguliert. Vor Aufnahme der Fabrikation eines derartigen Artikels muß die Frage der Qualität, des Kundenwunsches, des Marktpreises, des Bedarfes und der Rentabilität der Konkurrenz gewissenhaft überprüft werden. Liegen die Antworten auf diese Frage fest, so darf auf Grund der heute im Eiltempo fortschreitenden Technik behauptet werden, daß es in jedem Falle gelingt, durch Inanspruchnahme der neuesten Fertigungsmethoden eine wirtschaftliche Fertigung durchzuführen, zudem in einem gut geleiteten Betrieb die Leistungen der Arbeitnehmer die Vorkriegsleistungen überschreiten. Voraussetzung ist nur, daß ein Absatzgebiet vorhanden ist oder geschaffen werden kann. Dieses wird bekanntlich größer, wenn durch Verbilligungsmethoden der Käuferkreis für die Ware erweitert wird, also der Bedarf steigt.

Nach diesen Betrachtungen über die erste der aufgeworfenen Fragen kommen wir auf die zweite: Kapitalbedarf. Dieser setzt sich wie folgt zusammen:

Kaufpreis für die 3 besten auf dem Markte erhältlichen Ausführungen des in Frage kommenden Fabrikates;

eventuelle Lizenzgebühr;

Material und Gehälter für zeichnerische Festlegung des Fabrikates;

Material und Löhne für Versuche und Normalisierung;

Material und Löhne für zeichnerische Festlegung der Einrichtung, Werkzeugmaschinen, Antriebe, Umstellungen und Änderungen;

Material und Löhne für Modelle, Formplatten, Vorrichtungen, Lehren, Werkzeuge;

Material und Löhne als Anlernkosten für Spezialarbeiter;

Material, Löhne und normale Unkosten für die erste Serienfertigung;

Löhne für Revision und Kontrolle;

Investierungen für Werkzeugmaschinen, Vorrichtungen, Lehren, Werkzeuge;

Investierungen für Transportmittel, Spezialeinrichtungen, Utensilien;

Kosten für Werbematerial und sonstige Einführungsspesen;

Soziale Lasten, Steuern und Zinsendienst.

Die sich aus diesen einzelnen Posten ergebende ziffernmäßige Höhe für die Ingangbringung einer Fabrikation ist abhängig von Art, Qualitätsansprüchen und Umfang der ersten Serienfertigung.

Ich erwähnte bereits, daß ein „Aufziehen“ der Fabrikation zu empfehlen ist. Das bedeutet, daß zuerst je 1 Maschine, 1 Vorrichtung, 1 Satz Werkzeuge zur lehrenhaltigen Fertigung für die Probeserie genügt. Erst wenn eine Serie, über Lehren und Vorrichtungen austauschbar gebaut, allen Untersuchungen und normalen Ansprüchen standhält und von Fachleuten und kritischen Kunden übernommen ist, kann der Serienbau nach Belieben erweitert werden.

Hier ist zu beachten, daß den ersten Kundenwünschen nur insoweit Rechnung getragen werden darf, als es sich um Sonderausführungen handelt, welche den Abnehmerkreis lohnend erweitern. Sämtliche Umgestaltungen der Konstruktionselemente müssen, soweit es sich um komplizierte Apparate oder Maschinen handelt, so hergestellt sein, daß sich dieselben ohne Änderung der An- oder Einbaudaten an der Originalmaschine anbringen lassen.

Diese Forderung muß streng durchgeführt werden, damit jede Verärgerung der Kundschaft bei Bezug von Ersatzteilen auch neuer Ausführung hintangehalten wird. Zu diesem Zweck muß das erstgebaute Original im ursprünglichen Zustande erhalten bleiben. Bei strikter Befolgung dieses Grundsatzes wird die Lagerhaltung auf ein erträgliches Maß eingeschränkt, und es ist die Möglichkeit vorhanden, die älteren Kundenlieferungen mit den Neuerungen auszustatten — ein für die Lieferung von Einzelteilen nicht hoch genug einzuschätzender Umstand.

Nun, Herr Dr. Frischauf, komme ich zu der letzten Ihrer Fragen: der nach dem Zeitpunkt, zu welchem die Fabrikation Gewinn abwirft.

Wie schon früher bemerkt, hängt die Beantwortung dieser Frage zum Teil von der Gestaltung der vorerwähnten Belange und im wesentlichen von der Auffassung und Energie desjenigen ab, in dessen Händen die Einrichtung liegt. Sehen wir von allen Nebenkosten, Investierungen, Anlagekosten, Werbekosten usw., überhaupt von allen denjenigen Kosten, die von der im Anfangsstadium befindlichen Fabrikation nicht direkt zu vertreten sind, ab, so kann schon bei der ersten Normalserie sich der Herstellungspreis mit dem Verkaufspreis decken. Von der zweiten Serie ab kann also die Fabrikation — neben den Kosten für Vervollständigung bzw. Erweiterung der Einrichtung — schon Gewinn abwerfen, also zu einem Zeitpunkt, wo die endgültige Anlage noch in der Entwicklung begriffen ist. Die nach dieser Art aufgezogenen Werke haben, weil auf gutem Fundament fußend, stets eine gesunde Entwicklung. — Das verstehe ich unter „Aufziehen“ einer Fabrikation.

„Gestatten Sie, daß ich Sie mit einer Frage unterbreche, Herr Flott: Welche Zeit rechnen Sie für die Entwicklung der ersten Probeserie?“

„Unter der Voraussetzung, daß ein dem Fabrikat entsprechender Maschinenpark vorhanden ist oder daß zum mindesten die benötigten Maschinen am Markt zu haben sind, ferner, daß auch die sonstigen Verhältnisse im wesentlichen auf die früher erwähnten Voraussetzungen abgestimmt sind, gelingt es z. B. bei Ringspinnmaschinen, innerhalb Jahresfrist die erste Serie von 10 Maschinen lehrenhaltig austauschbar und in den wichtigsten Bauteilen ausprobiert betriebsfertig herzustellen. Im Anschluß daran brauchen weitere Typen nur eine Entwicklungszeit von durchschnittlich etwa 9 Monaten je Type. Die Entwicklungsdauer ist natürlich von der Art des Fabrikates abhängig. Planfräsmaschinen, Tischgröße 900 × 200, benötigen als Entwicklungszeit nur etwa 7 Monate; kleine Vertikalständerbohrmaschinen bis 10 mm Bohrleistung nur $4^1/_2$ Monate.

Ein weiteres Beispiel aus meiner Praxis ist folgendes: Bei der Umstellung eines größeren Werkes war die Aufgabe gestellt, von einer kopierten Ringspinnmaschine die erste Probeserie von je ca. 6500 kg komplett über Lehren und Vorrichtungen austauschbar spinntechnisch ausprobiert herzustellen. Nur ein Teil der benötigten normalen Bearbeitungsmaschinen war vorhanden; eine größere Anzahl war entsprechend für Spezialzwecke umzubauen. Vorrichtungen und Werkzeuge mußten beschafft werden; in der Graugießerei war eine Umstellung auf Spezialguß durchzuführen. Spezialarbeiter mußten angelernt und Monteure auf dem vollständig neuen Gebiet unterrichtet werden. — Es gelang, die Aufgabe innerhalb 12 Monaten zu lösen.

Voraussetzungen für diese Zeiten sind aber stets: geeigneter ansässiger Arbeiterstamm, sach- und fachkundige Führer.

Wie Sie sehen, meine Herren, habe ich in meinen Ausführungen die wichtigsten Punkte berührt, welche vor Abgabe einer überschlägigen Kosten- und Zeitrechnung in Betracht zu ziehen sind. Ein annähernd richtiger Überschlag läßt sich erst nach Kenntnis des in Frage kommenden Fabrikates, des Zustandes der vorhandenen Einrichtung und des Standes der Arbeitnehmerverhältnisse machen. Die Beschaffung sämtlicher Konstruktionsmaterialien, Normenteile und Werkzeuge bereitet bei der in den letzten Jahren stattgehabten Spezialisierung führender Firmen keinerlei Schwierigkeiten."

Dr. Frischauf ergreift das Wort: „Ich spreche Ihnen für Ihre äußerst interessanten Ausführungen meinen verbindlichsten Dank aus, lieber Herr Flott. Sie haben einen Fragenkomplex vor uns aufgerollt, der mich und jedenfalls auch Herrn Professor Wisser in Erstaunen setzt. Sagen Sie, Herr Flott, kann man nicht einmal einen nach Ihren Grundsätzen aufgezogenen Betrieb besichtigen? Das würde mich und sicher auch Herrn Professor Wisser lebhaft interessieren."

Professor Wisser: „Sicherlich! Für noch besser würde ich es halten, wenn uns Herr Flott erst einen Normalbetrieb, also einen solchen, der noch nicht nach den Grundsätzen der modernen Betriebsführung und Massenfertigung geführt ist, vorführen könnte."

Flott: „Dafür ließe sich vielleicht eine Möglichkeit finden. Ich habe z. B. von Herrn Fabrikdirektor Sorger den Auftrag übernommen, in nächster Zeit mit dessen Betriebsleitung unter Hinzuziehung eines Meisters und des Betriebsrates einen Rundgang durch seine Maschinenfabrik zu machen, um diese Herren über Mißstände und Verbesserungsmöglichkeiten aufzuklären, und könnte ja die Erlaubnis erwirken, daß Sie sich auf diesem Rundgange anschließen,"

„Wir wären Ihnen außerordentlich dankbar dafür."

Flott sagt zu, und nach wenigen Tagen treffen sich die Herren im Bureau des Herrn Direktor Sorger, wo auch dessen Betriebsleiter und außer diesem Meister Fleißig und Betriebsrat Drängler bereits anwesend sind.

Vor Antritt des Rundganges erklärt Direktor Sorger, es sei ihm wohl bekannt, daß manches in seiner Fabrik noch nicht so sei, wie es in einem nach modernen Grundsätzen geleiteten Betrieb sein sollte. Es seien ihm in mehr als einer Beziehung die Hände gebunden; die enormen Unkosten, mit denen er arbeite, belasteten ihn außerordentlich und ließen ihm nicht die Ruhe, Neuerungen einzuführen; auch habe er unter ständigen Differenzen mit der durch den Betriebsrat vertretenen Belegschaft zu leiden — Umstände, die ja auch der Anlaß zu dem heutigen Rundgange seien.

Flott bittet Direktor Sorger um die Erlaubnis, Fragen an die Angestellten und Arbeiter richten zu dürfen.

Professor Wisser wäre dankbar, wenn er im Anschluß an den Rundgang einige statistische Angaben bekommen könnte.

Dr. Frischauf fragt nach Selbstkosten, Brutto- und Nettogewinn.

Direktor Sorger antwortet den beiden ersteren in zustimmendem Sinne und vertröstet Dr. Frischauf auf später.

Der Rundgang wird nun angetreten. Direktor Sorger, der die Herren führt, bittet, an Ort und Stelle über etwa entdeckte Mängel unterrichtet zu werden.

Beim Überschreiten des Fabrikhofes fällt Flott auf, daß ein Arbeiter dicht an Direktor Sorger vorübergeht, ihn ansieht, aber nicht grüßt. Er ruft den Mann heran und richtet die Frage an ihn, wie lange er dem Betrieb angehöre. Es stellt sich heraus, daß der Mann, obwohl er bereits über ein Jahr im Werk arbeitet, seinen technischen Direktor nicht kennt.

Nun passiert eine große Anzahl von Arbeitern den Hof, anscheinend auf dem Wege zu ihren Arbeitsplätzen, trotzdem bereits 10 Minuten seit Arbeitsbeginn verstrichen sind. Auf die Frage Flotts, woher die Leute kämen, antwortet Direktor Sorger: „Die Leute kommen aus den Garderoberäumen, welche leider etwas weit entfernt vom Arbeitsplatz liegen.“ Flott rät, die Kontrolluhren in der Nähe des Arbeitsplatzes aufzustellen, worauf Betriebsrat Drängler bemerkt, daß er dann aber auch beantragen müsse, daß die Garderoberäume in die Nähe der Uhren gelegt werden.

Gleich am Eingang zur Materialabstecherei steht der von Flott zu Beginn des Rundganges angehaltene Mann; seine Maschine steht still; er ist im Begriffe, sich an der Werkzeugausgabe einen Ersatzstahl zu holen. Meister Fleißig wird angewiesen, dafür Sorge zu tragen, daß an den Bearbeitungsmaschinen soviel Werkzeuge vorhanden sind, daß auch beim Umtausch die Maschinen in Betrieb bleiben.

Nun kommt die Gruppe zu zwei Kaltkreissägen. Beide stehen still, weil beide Blätter gleichzeitig ausgewechselt werden. Auch liegen die Abfallenden aller Abmessungen und Qualitäten von Fabrikationsmaterial durcheinander, anstatt greifbar zur Wiederverwendung bei Einzelaufträgen geordnet zu sein.

Eine große Anzahl von Leuten mit Materialempfangsscheinen steht herum, weil die Beschickung der Werkstätten nicht durch eine bestimmte Kolonne zu bestimmten Zeiten erfolgt. — Endlose Prozessionen beleben den Hof.

In der mechanischen Werkstätte, zu der die Gruppe nunmehr gelangt, findet sie gleich am Anfang den am Vortage angefallenen Bearbeitungsausschuß geordnet ausgebreitet vor. Die Ursache der Unbrauchbarkeit ist auf einem angehefteten Zettel vermerkt. Eine kurze Besprechung über die Ursache mit Belehrung über deren Abstellung findet mit den verantwortlichen Betriebsleuten jeden Morgen an Ort und Stelle statt, ehe die Teile für den Schrotthaufen freigegeben werden.

Eine größere Anzahl Riffelwellen wurde beim Riffeln Ausschuß, da sogenannte kleine Sandrisse der Materialverdrängung nicht standhielten. Um das Material vor der Bearbeitung auf diesen Fehler zu untersuchen, wird angeordnet, Stücke von der doppelten Länge des Materialdurchmessers von jeder Stange abzuschneiden und zu beizen und diese Stücke dann unter dem Hammer oder der Presse kalt auf halbe Höhe zu drücken. Die kleinen, kaum sichtbaren Sandrisse kommen bei dieser Stauchprobe zum Vorschein; das fehlerhafte Material kann also schon auf dem Lager ausgeschieden werden.

In der Dreherei, die darauf betreten wird, ist die Transmission vorübergehend abgestellt, weil sich ein Riemen mangels seitlich an der Riemenscheibe angebrachter Riemenfänger mit der Transmission verwickelt hat. Der Stillstand hat bei zirka 60 Arbeitsmaschinen „nur" zirka 5 Minuten gedauert. Flott macht auch auf die unsachgemäße Befestigung des Riemens durch sogenannte Herrisverbinder aufmerksam, welche einfach flachgeschlagen wurden, anstatt die Wölbung zu erhalten. Meister Fleißig übernimmt es, einen modernen Riemenverbindeapparat zu beantragen.

Eine umgefallene Riemenlatte gibt Veranlassung, zu raten, diese in Rohrstücken mit schwerem Flansch aufzubewahren; diese sollen an jeder Drehbank bis zum Anbau selbsttätiger Umleger vorhanden sein, ebenso die Bedienungsschlüssel zur Maschine, um privaten Unterhaltungen nicht Vorschub zu leisten.

Beim Weitergehen wird ein Arbeiter bemerkt, der damit beschäftigt ist, einem Kollegen einen Fremdkörper aus dem Auge zu entfernen; mehrere andere Arbeiter sehen zu. Drängler unterbricht die Operation und verweist den Mann an den Heilgehilfen.

Nun fällt ein Mann auf, der in kurzen Zeitabständen einen Blick in die Höhe wirft und den Riemen mehrmals heftig mit dem Ausrücker auf die Festscheibe zwingt. Ursache: Ausrückwinkel ohne Bremswirkung. — Fleißig macht sich eine Notiz.

Das Glätten und Schlichten von Stirnrädern balliger Riemenscheiben geschieht noch mittels Schlichtfeilen. Flott empfiehlt, abgenutzte Schleifscheibenstücke in Holzklötze einzubetten, um gleitend schleifen zu können.

Weitergehend fällt Flott auf, wie zwei Arbeiter auf einer Drehbank zwischen den Spitzen eine Welle richten, indem die Welle wippend durchgebogen und gehämmert wird. Er bedeutet Meister Fleißig, daß das Richten von Wellen in die Abstecherei gehört, ebenso das Zentrieren, einerseits zur Schonung der Drehbank und andererseits, um die Drehbank ihrer Zweckbestimmung nutzbar zu machen.

Wohl sind Wechselräder, Spannhülsen usw. an jeder Maschine gesondert aufbewahrt, jedoch hat Flott zu beanstanden, daß nicht genügend Spänekästen vorhanden sind, um den Fußboden vollständig spanfrei zu halten.

Die Gruppe gelangt nun zu einem Arbeiter, welcher sich bemüht, durch Zerren an einem Treibriemen der Maschine zum Durchziehen zu verhelfen. Es zeigt sich, daß die Maschine der Beanspruchung nicht gewachsen ist. Dagegen wird wenige Meter davon entfernt ein Schlichtspan von geringer Stärke auf einer modernen Schroppdrehbank mit mehrfachen Räderübersetzungen abgehoben.

Soeben wird ein halbfertiger Zylinder aus der Drehbank gehoben — Gießereiausschuß! — Der Arbeiter hat den Lohnausfall zu tragen, da er entgegen der strikten Bestimmung die sogenannte Trichter- oder Eingußseite, welche übrigens auf der Zeichnung gekennzeichnet war, nicht zuerst vorgearbeitet hat.

Ein anderer Arbeiter müht sich, durch Lösen des Vorderlagers, dann wieder durch Anziehen des Gegenkerners im Spindelstock seine nur stoßweise durchziehende Drehbank mit ungeeigneten Werkzeugen flottzumachen. Meister Fleißig wird dahin belehrt, daß die Nachstellung der Lagerkonen an sämtlichen Maschinen nur durch Spezialisten der Maschinenreparaturabteilung vorgenommen werden darf, auch daß eine richtig eingestellte Drehbank wechselseitig Plan- und Spitzenarbeit ohne Nachstellung bewältigen muß.

Auf einer mittelschweren Drehbank ist eine 80-mm-Bohrung in Stahl auf zirka $^3/_4$ m Länge mit Spitzbohrer auszuführen. Spezialwerkzeuge sind, da es sich um Einzelfälle in diesen Abmessungen handelt, nicht angefertigt. Der Arbeiter gibt den Vorschub ruckweise mit einem durch Rohr verlängerten Vierkantschlüssel an der Drehteilspindel. Es zeigt sich, daß die Muttern und Spindeln solch außergewöhnlichen Beanspruchungen nicht standhalten. Die Wechselräder geben den geringen Vorschub von zirka 0,12 mm pro Umdrehung nicht her.

An Hand einer rasch hingeworfenen Skizze (Abb. 1) macht Flott folgenden Verbesserungsvorschlag:

Der aus Rundstahl hregestellte Spitzbohrer wird mit einer obenliegenden Wassernute, die Schneiden mit Spanbrechernuten versehen, weiter das Rad am Spindelstock gegen eine Exzenterscheibe mit Schlaufenklinke ausgewechselt. Diese hat pro Umdrehung bei entsprechender Übersetzung der Wechselräder 1—3 Zähne zu erhalten. Die Maschine arbeitet nun ohne Bedienung gleichmäßiger als zuvor. — Dieses Verfahren gestattet auch, verhältnismäßig breite Einstecharbeiten auf mittelschweren Drehbänken zu vollziehen.

Abb. 1.

Flott verweist noch auf einige bereitliegende Drehstähle, die zeigen, daß diese Werkzeuge gebrauchsfertig aus der Werkzeugausgabe bezogen werden können.

Ein spiralgewundener Antriebriemen fesselt die Aufmerksamkeit der Gruppe. Bei näherer Betrachtung wird festgestellt, daß die balligen Stufenscheiben falsch bearbeitet sind. Flott empfiehlt, die Mitte des balligen Teiles um 2—3 mm nach der Außenseite hin nachdrehen zu lassen, wodurch der Riemen stets frei läuft.

Eine Frage Meister Fleißigs führt die Herren an eine Drehbank, auf welcher eine größere Anzahl Stufenscheiben ballig blank bearbeitet wird. Flott gibt seinem Erstaunen darüber Ausdruck, daß nicht ein Mehrfachstahlhalter vier Stufen zu gleicher Zeit vordreht. Ebenso bemängelt er, daß die Stirnflächen der Stufen nicht 10 mm unterhalb der Kante um zirka 1 mm Tiefe zur Schonung der Antriebriemen frei gedreht sind (Abb. 2).

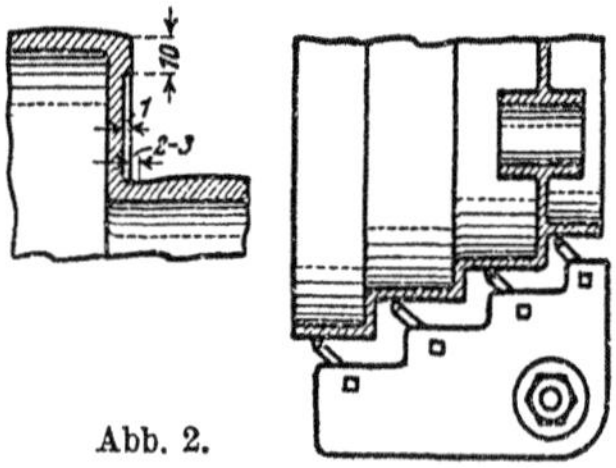

Abb. 2.

In die Kleindreherei gelangt, wird beobachtet, wie auf einer Nutenziehmaschine die Keilnuten mit Räumnadel schnell und sauber gezogen werden. An einer zerrissenen Räumnadel stellt Flott fest, daß die Zahnlücken für die aufzunehmende Spanmenge entschieden zu klein sind, wodurch der Bruch verursacht wurde.

Eine Serie blanker Stäbe von zirka 1 m Länge und 20 mm Durchmesser veranlaßt Flott, sich nach dem Verwendungszweck zu erkundigen. Es handelt sich um Gestänge für Deckenvorgelege. Danach wird festgestellt, daß das Material nach einer Vorschrift präzis blankgezogen, eingefettet, in Rupfen verpackt, mit einem enormen Preisaufschlag belastet von auswärts bezogen wird. Lediglich die falsche Vorschrift wirkt hier preisverteuernd, da für diesen Zweck blankgezogenes Material mit handelsüblichen Toleranzen ohne jede Sonderbehandlung, also ohne jeden Preisaufschlag, genügen würde. Für Schutzgestänge, Zuggestänge usw. genügt sogar Blankmaterial ohne Anspruch auf Rundheit oder Durchmesser bis zu einer Differenz von + — 0,1 mm. Der Preis hierfür stellt sich natürlich erheblich niedriger.

Die Gruppe wendet sich nun zur Revolverdreherei und verweilt einige Augenblicke bei den Pitlerrevolverbänken. Die vorliegenden Arbeiten umfassen vier Operationen. Um das blinde Schalten zu vermeiden, empfiehlt Flott, mindestens zwei Satz Werkzeuge einzuspannen, da doch die Aufnahmelöcher im Revolverkopf vorhanden sind.

Ferner wird in einem Falle auf der Revolverbank ein längeres Gewinde gestrählt, was wirtschaftlicher und sauberer auf dem Gewindefräsapparat hergestellt wird.

Flott bemerkt bei dieser Gelegenheit: „Manche durch Überlastung der vorhandenen Spezialmaschinen notwendig werdende Neubeschaffung könnte hinausgezögert werden, wenn eine zweckmäßige Trennung der Spezialbearbeitung von der Normalbearbeitung vorgenommen würde. Es darf dem Betriebsfachmann nicht gleichgültig sein, ob, wie im vorliegenden Falle, das Gewinde auf einer Maschine im Werte von zirka 6000 Mark oder in gleicher Güte zur selben Zeit auf einem Spezialapparat im Werte von wenigen hundert Mark hergestellt wird. Die teure Maschine wird ihrer eigentlichen Zweckbestimmung durch derartige Arbeiten entzogen."

An einer Revolverbank mit Los- und Festscheibe hat sich am Deckenvorgelege durch den flotten Arbeitswechsel, welcher stündlich etwa dreißigmal Ein- und Ausschalten verlangt, der Ausrückmechanismus derart gelöst, daß der Arbeiter während der kurzen Aufspannzeit wiederholt den Riemen auf die Festscheibe zurückdrücken muß. Durch eine einfache Lederscheibe zwischen Stangenplatte und Winkel ist der Übelstand behoben.

In der Bohrerei bietet sich Gelegenheit, einem interessanten Versuch beizuwohnen, den Flott veranlaßt, um darzutun, daß die schlechte Bohrleistung in bezug auf Geschwindigkeit und Vorschub auf die Beschaffenheit des Werkzeuges zurückzuführen ist: Zwei Vertikalbohrmaschinen sind auf gleiche Vorschub- und Geschwindigkeitsdaten eingestellt. Zum Versuche sind eine Anzahl 10-mm-Löcher in Gußeisen 40 mm tief zu bohren. Benutzt wird dazu je ein Spiralbohrer mit polierter Seele und ein solcher wie bisher gebräuchlich mit im Sandstrahl geblasener unpolierter Seele. Ersterer erledigt fünf Löcher ohne schädliche Erwärmung zu zeigen, letzterer in derselben Zeit nur drei Löcher und ist danach unbrauchbar. Im ersteren Falle werden die Späne als Locken selbsttätig durch die Spirale aus der Bohrung gefördert, im zweiten Falle schon nach einer Tiefe von etwa 25 mm nur mehr als Mehl. Diese Mahlarbeit mußte die Maschine mehr leisten, wobei der Bohrer erwärmt resp. ruiniert wurde.

Abb. 3.

Man gelangt nun zu einer Langlochbohrmaschine, Bauart Spindelstock auf Bettschlitten, welche für Nutenfräsarbeiten vorzüglich funktioniert, jedoch für Durchbrucharbeiten nicht so geeignet ist als die Maschinen mit radial schwingendem Fräser, nach Art Ventilkegelfräsmaschine (Abb. 3).

Letztere Art hat, wie Flott ausführt, speziell für Langlöcher kleinerer Abmessungen den geringsten Werkzeugverbrauch und liefert die saubersten Durchbrüche, da die Schneidkanten sich stets freiarbeiten.

Als Fräser ist die bekannte Konstruktion der Hanseat-Nutenfräser mit genormten Schäften in Anwendung. Als Kühlwasserpumpen haben sich die Kreisel- oder Schleuderpumpen am besten bewährt. Räderpumpen sind, wie Flott bemerkt, trotz im Becken angebrachter Filter und trotz Überlaufsteg durch die schwimmenden Eisenspäne in kurzer Zeit ruiniert. — Es wird die Feststellung gemacht, daß bei den Kühlwasserpumpen fast durchweg der Forderung nach Dauerschmierung, eventuell durch Filzeinlage, zu wenig Rechnung getragen wird.

Als Ursache für den Bruch eines Spiralbohrers von zirka 20 mm wird ermittelt, daß die Spindel beim Durchtritt durch die Bohrung um zirka $1/2$ mm fiel, ein Übelstand, welcher auf falsche Einstellung der Pinolendrucklager zurückzuführen ist.

In der Teilefabrikation hat Flott zu bemängeln, daß die Bogensäge auf Stahl in bezug auf Geschwindigkeit genau so behandelt wird, als ob es sich um Holz handelt. Die rotierenden Feilscheiben laufen ebenfalls durchweg zu schnell. Die Handfeilen werden in den weitaus meisten Fällen vom Arbeiter nicht auf der ganzen Länge ausgenutzt; hier ist eine stete Erziehungsarbeit am Platze.

Die großen Mengen von Abgüssen, welche sich in den Rohgußlagern aufgestapelt finden, geben Veranlassung, einige Fragen an die Lagerverwaltung zu richten. Aus deren Beantwortung wird festgestellt, daß seit mehreren Jahren die Vorratsmenge um zirka 90 vH zu hoch ist. Der dadurch hervorgerufene Zinsendienst drückt erheblich auf die Unkosten. Die Ursache liegt darin, daß der Durchfluß des Fabrikates von der Gießerei bis zur Montage nicht geregelt ist. Wenn auch unbedingt zwischen den einzelnen Bearbeitungswerkstätten ein sogenanntes Stoßlager zu empfehlen ist, um unvermeidlichen Produktionsstörungen begegnen zu können, so darf doch dieses Lager an Umfang keinesfalls größer sein als zum Abfangen derartiger Produktionsstörungen erforderlich ist. Andererseits gibt es Fälle, in welchen man Teile auf mehrere Monate im voraus noch wirtschaftlich fertigt, doch kann es sich hierbei nur um kleinere Schrauben oder Fassonstücke handeln, bei welchen die jedesmaligen Einrichtungskosten für die Fertigung erheblich höher liegen als der durch die Lagerhaltung erwachsende Zinsendienst. Die Durchflußdauer des Fabrikates, gemessen an den reinen Transport- und Arbeitszeiten, stellt den Wertmesser der Betriebsleitung resp. des Disponenten dar. Auf diesem Gebiete ebenso wie auf dem Gebiete der Bevorratung mit Rohmaterialien und Betriebsmaterialien liegt, wie Flott hervorhebt, der größte Teil der untragbaren Betriebsunkosten.

Die Herren betreten nun das Rohmaterialienlager: Stabeisen und Bleche. Dieses ist verhältnismäßig klein, jedoch noch übersichtlich geordnet; beantragt ist eine Vergrößerung. Die Lagerverwaltung hat es sich angelegen sein lassen, die Einführung jeder neuen Abmessung zunächst energisch zu bekämpfen. Sie verlangt vor der Bestellung die Unterschrift der Direktion, und diese wiederum verlangt die genaue Begründung für die Neueinführung vom Konstruktionsbureau. So ergibt sich in den meisten Fällen, daß eine Neueinführung vermieden werden kann, oder daß eine andere Sorte dafür abstirbt. Trotzdem wird auch hier noch festgestellt, daß von einigen Posten ansehnliche Vorräte vorhanden sind und seit Monaten kein Abgang zu verzeichnen ist. Flott regt an, diese Vorräte abzustoßen resp. gegen im Werk gängige Materialsorten umzutauschen. Gleichzeitig gibt Direktor Sorger die Anordnung, daß halbjährlich eine Liste derjenigen Materialien der Direktion vorgelegt wird, in welchen kein oder im Verhältnis zum Vorrat wenig Abgang zu verzeichnen ist.

Diese Erörterungen geben Anlaß, die in Aussicht genommene Vergrößerung des Lagers zunächst auf unbestimmte Zeit zu vertagen.

Am Schlusse des Rundganges dankt Direktor Sorger für die erhaltenen Anregungen, die er sich dienen lassen will. Nach der Verabschiedung von ihm drückt Dr. Frischauf den Wunsch aus, nun auch einen nach neuzeitlichen Gesichtspunkten geleiteten Betrieb zu sehen. Flott erwidert darauf, daß ihm noch kein Betrieb des Maschinenbaues bekannt sei, der als ganz auf der Höhe bezeichnet werden könne und in dem es nicht nach der einen oder anderen Richtung Anlaß zu Beanstandungen gäbe. „Das, worauf es ankommt,“ — meint er — „ist der in der Leitung herrschende Geist, der entschlossene Wille zur Ordnung. Ist die Leitung von dem Willen durchdrungen, Ordnung zu schaffen um jeden Preis, auf alle Verstöße im großen wie im kleinen zu achten, so wird sich dieser Wille automatisch auf die Belegschaft übertragen. Ein wirtschaftlich veranlagter Betriebsrat wird stets gern in diesem Sinne mitarbeiten und jede Aufklärung dankbar annehmen. So begegnen z. B. auch Vorträge über wirtschaftliche Fertigung bzw. über die Ausbildung der Arbeiter zu Spezialisten regem Interesse. Ich werde selbst in den nächsten Tagen einen derartigen Vortrag halten, der der Arbeiterschaft zeitsparende

Arbeitsmethoden, sowie auch zeit- und materialsparende Konstruktionselemente vor Augen führen soll. Ich darf Sie vielleicht dazu einladen, Herr Doktor, und natürlich auch Herrn Professor Wisser!" —

Beide Herren sagen zu und finden sich dann auch am festgesetzten Tage zu dem Vortrage des Herrn Flott über

Die Fibel der Werkstatt

ein, der in nachstehendem wiedergegeben ist; die ihn erläuternden Lichtbilder sind in Form von Abbildungen an den betreffenden Stellen eingefügt. Bemerkt sei, daß diese bei dem engen Rahmen der Darlegungen keinen Anspruch auf Vollkommenheit erheben können, sondern lediglich den Zweck haben, befruchtend auf den Betriebsfachmann einzuwirken.

In meinen nachfolgenden Darlegungen will ich versuchen, mich rein auf Anregungen zu beschränken, die vervollkommnet und den vorliegenden Verhältnissen angepaßt in jedem, auch dem kleinsten Betrieb des Maschinenbaues, nutzbringend Anwendung finden sollten.

Der Sprung von der Einzel- oder Serienfabrikation zur Fabrikation am Band ist so groß und von so vielen Voraussetzungen abhängig, daß es angebracht ist, zunächst jede mögliche Vereinfachung und Verbesserung der Fabrikationsmethoden schrittweise einzuführen, um durch Verbilligung der Herstellungskosten resp. der Nebenkosten einen konkurrenzfähigen Verkaufspreis zu erzielen. Diese Verbilligungen liegen nicht immer in der Beschaffung der teuersten Maschinen und Werkzeuge, sondern sie liegen vorwiegend in der Anwendung richtiger Fabrikationsmethoden und Fabrikationsmittel. Die freie Wahl und Anwendung dieser Mittel muß dahin führen, ein zweckdienliches und marktfähiges Produkt zu ergeben; dann ist die Fabrikationsfrage gelöst.

Leider muß zugestanden werden, daß eine große Anzahl unserer Betriebe sich heute noch mit denselben Arbeitsmethoden durchwindet wie vor 15 Jahren. Amerika zeigt uns durch gute Literatur, daß es sich eingehend damit beschäftigt, auch in den kleinsten Betrieben Ordnung zu schaffen.

Das Hauptaugenmerk des Betriebsführers muß darauf gerichtet sein, alle Nebenkosten, welche nicht direkt durch die Umformung des Rohmaterials zu Fertigfabrikat entstehen, zu vermindern. Betriebsorganisation, wirtschaftliche Betriebsführung, Zeitstudien, Betriebsstatistik, Normung usw., das sind Schlagworte, welche berechtigterweise in den letzten Jahren mit mehr oder weniger Erfolg an das Ohr des Betriebsleiters drangen. Über jedes derselben sind zahllose Vorträge gehalten und Aufsätze geschrieben worden.

Die technischen Hochschulen besitzen wertvolles Material von dem, was wissenschaftlich auf diesem Gebiete zu erfassen ist. Durch die Verwertung der Ergebnisse wissenschaftlicher Forschung sind in den letzten Jahren große Fortschritte in den Betrieben gemacht worden, und doch fehlt den meisten derselben ein Etwas, das ich nennen möchte: den Willen zur Ordnung um jeden Preis! — Nur wenn der Boden des Betriebes vorbereitet ist, kann eine Vorschrift, eine Organisation, festen Fuß fassen und sich ausbaufähig in den einzelnen Stadien verankern. Als wirksamstes Mittel zur Erzwingung der Ordnung hat sich die Verbesserung auch der scheinbar nebensächlichsten Arbeitsverfahren erwiesen.

Um dem Hörer einen Teilüberblick gerade über diese Arbeitsverfahren zu geben, wandern wir gemeinsam durch den Betrieb einer uns fremden, gut geleiteten Maschinenfabrik. Die eine oder andere Anregung für den eigenen Betrieb wird sich dabei ganz von selbst ergeben.

Es ist Tatsache, daß, wie im Privatleben der Menschen, so auch im Betrieb die Untugenden am festesten eingewurzelt sind und sich ohne besondere Vorschriften oder Normung fast gesetzmäßig von Generation zu Generation forterben. Hier liegt ein Arbeitsfeld vor den Augen des Betriebsfachmannes, welches ganz besondere Beachtung verdient. Unermüdlich belehrend oder strafend muß dort eingegriffen werden, wo solche Mängel sich zeigen. — Auf unserer kurzen Wanderung durch den Betrieb werden wir Gelegenheit haben, verschiedene Proben erstrebenswerter Ordnung zu sehen und die wirtschaftliche Bearbeitung unter Anwendung von Hilfsmitteln, Werkzeug- und Vorrichtungsnormen vorgeführt zu erhalten.

Zunächst begeben wir uns in die Abstecherei oder Rohmaterialvorbereitung. Hier finden wir moderne Trennmaschinen, Abstechbänke, Scheren, Schneidbrenner, Sägen, Zentriermaschinen und Richtbänke. Das Richten und Zentrieren findet nicht mehr in der Werkstatt statt, da dadurch die spanabhebenden Maschinen ruiniert oder ihrer Zweckbestimmung zeitweise entzogen werden. — Die Materialreste sind nach Qualität und Abmessungen geordnet greifbar für Einzelaufträge sortiert.

Nachdem wir uns davon überzeugt haben, daß Ersatzwerkzeuge in genügender Anzahl gebrauchsfertig vorhanden sind, wenden wir uns dem Ausgange zu. Hier steht ein zweckmäßig konstruierter Transportwagen, beladen mit dem vorbereiteten Material, über dessen Zweckbestimmung uns die mit Kontrollvermerk versehene Begleitkarte Aufschluß gibt. Wir stellen fest, daß die Beschikkung der Werkstatt in kürzeren Zeitabständen stets durch dieselben Arbeiter erfolgt; ebenso daß Materialabgabe an andere Boten nicht stattfindet.

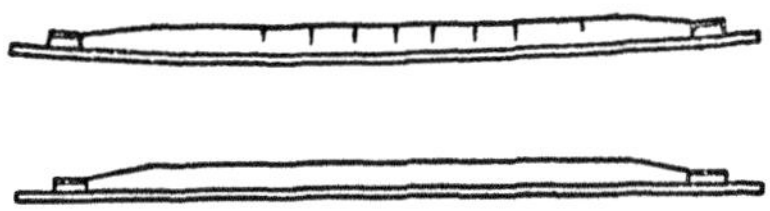

Abb. 4.

Nun statten wir der Gießerei einen kurzen Besuch ab.

Ein besonders schwieriges Gebiet der Fabrikation betrifft die Herstellung von Langbauteilen für Maschinen, z. B. Spinnerei- und Webereimaschinen, aus Grauguß usw. in dünnen Abmessungen. Solche Teile müssen dem Querschnitt entsprechend nach jener Seite durchgebogen eingeformt werden, an welcher eine Streckung zum Richten nicht mehr in Frage kommt; d. h. jene Rippen oder Wandungen werden kürzer geformt, welche eine Streckung durch nachträgliches Spannen (Hämmern) ertragen können. Als Beispiel sei ein Kardendeckel (Abb. 4 u. 5) angeführt. Diese Deckel werden auf einem mit einer konkaven Walze vorbereiteten Formsandbett bogenförmig mit der Flansche nach unten eingeformt. Das ungleichmäßige Schwinden des Graugußmaterials hebt einen Teil dieser Maßnahme auf. Der Rest der Bogenform wird durch Strecken der oberen Rippe aufgehoben. Nach diesem Verfahren können die Deckel absolut plan gerichtet werden, die Toleranz beträgt + — 0,03 mm von der Geraden.

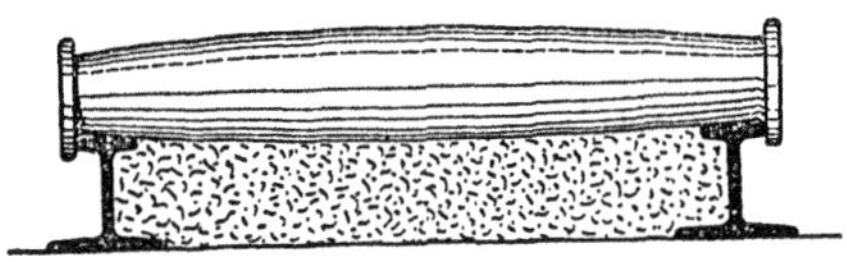

Abb. 5.

Bei einem weiteren Beispiel (Abb. 6 u. 7) handelt es sich um winkelförmige Zylinderbänke an Spinnereimaschinen. Diese werden nach dem oben beschriebenen Verfahren mit der inneren Winkelkante bei 3 m Gesamtlänge bis 10 mm muldenförmig durchgeformt. Die Flanschen werden nach Bedarf gestreckt. Bei diesem Streckungsprozeß ist es wichtig, daß die Gußstücke auf einem ballenförmigen Amboß aufliegen und gegenüber der Auflagefläche mittels eines sogenannten Setzhammers oder Stemmers in Abständen von etwa 10 mm durch kräftige Hammerschläge die Streckung erhalten.

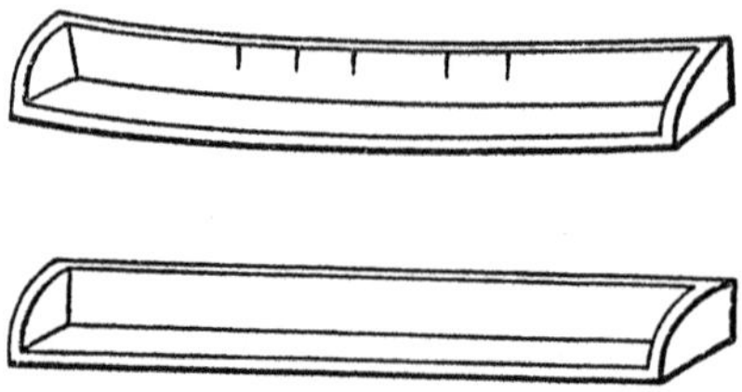

Abb. 6.

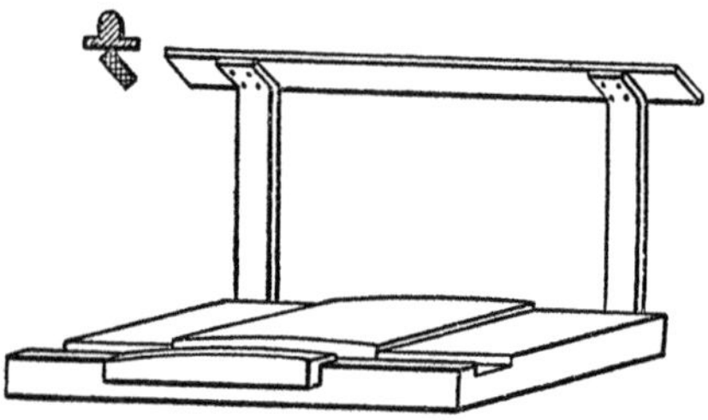

Abb. 7.

Im vorliegenden Falle handelt es sich um eine Wandstärke von 15 mm bei einer Stegbreite von 80 × 80 mm. Jeder in der Mitte getätigte kräftige Hammerschlag hat an beiden Enden eine Wirkung von 0,5 mm.

Auf alle Fälle sollte an jede Gießerei, welche derartige Langbauteile herzustellen hat, eine sogenannte Richtabteilung ange-

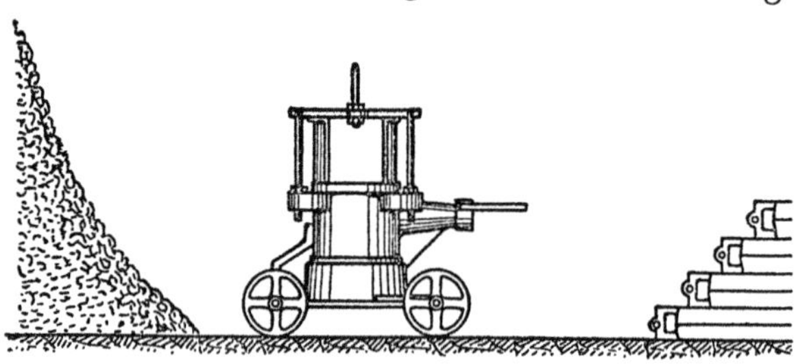

Abb. 8.

gliedert sein, welche die Abgüsse in einer Form zur Ablieferung bringt, die die geringstmögliche Zugabe an Verspanung gestattet. Die Angliederung dieser Abteilung an die Gießerei ist deshalb notwendig, um in engster Verbindung mit ihr jene Erfahrungswerte für das Formen zu ermitteln, die auf die Dauer die geringste Bearbeitung und die geringste Nacharbeit gewährleisten.

Es ist ratsam, kleinere Formmaschinen fahrbar einzurichten, um die Maschine dem abnehmenden Sandhaufen nachfahren zu können. Eine Anordnung, wie in Abb. 8 gezeigt, gestattet bei Stapelguß auf ca. 8 m^2 einschl. Sandhaufen das Formen von 50 Doppelkästen.

Lohnsparend wirkt sich auch die Maßnahme aus, daß auf vorhandenen Formplatten bei mittelgroßen sperrigen Stücken die Zwischenräume auf der Formplatte mit kleineren Nebenbauteilen der Maschine bestückt werden; z. B. mit Knebelmuttern, Türgriffen, Stellringen usw. Auf diese Weise erhält man solche Teile ohne weiteren Aufwand an Formerlöhnen.

Wir betreten nun die Dreherei. Hier finden wir, daß die Zubehörteile zu den Maschinen: Wechselräder, Futter, Planscheiben wohlgeordnet aufbewahrt sind, und der Fußboden durch Anwendung von Spänesammelkästen spanfrei gehalten ist.

Ein auf mehrere Monate hinaus mit Arbeiten überlastetes Horizontalbohrwerk finden wir in der Dreherei dadurch entlastet, daß Bohrarbeit, in diesem Falle Motorenzylinder, in zwei festen Lünetten auf den Supportschlitten eingespannt, dann durch eine kräftige Bohrstange mit Mehrfachkopf bearbeitet wird. Die Bohrstange dreht sich ortsfest zwischen den Spitzen. Von den kürzeren Zylindern sind mehrere auf diese Art hintereinandergespannt, nachdem vorher die Anschlußflanschen bearbeitet wurden.

Neben uns sehen wir ein Arbeitsstück, schwebend im Kran, bis der Arbeiter den blau angelaufenen Reitstockkerner in wenigen Minuten gegen einen genormten Ersatzkerner mit Abziehmutter ausgewechselt hat. Außerdem sind für größeren Spitzendruck kugelgelagerte Kerner vorhanden.

An einer schweren, gut durchkonstruierten Schnelldrehbank wurde soeben ein Räderbruch dadurch verhütet, daß der in Antriebrad und Nabenflansch eingebaute Sicherungsstift abscherte (Abb. 9). Das Hindernis wird beseitigt und ein vorrätiger Stift ermöglicht sofort die Weiterarbeit der Maschine.

Bei dieser Gelegenheit überzeugen wir uns davon, daß an dem Werkzeugbrett sämtliche Bedienungsschlüssel zur Maschine vorhanden sind, so daß der Bediener der Maschine von seinem Nachbar vollständig unabhängig ist.

Wir lenken jetzt unsere Schritte nach der Kleindreherei.

Die Wellen- oder Bolzenbänke sind mit selbsttätiger Abstellvorrichtung, bestehend aus Federgehäuse am Deckenvorgelege (Abb. 10) versehen, so daß ein Mann mehrere Maschinen bedienen kann. Hier vermissen wir bei der vorliegenden Massenarbeit den Mehrfachstahlhalter nach Art der Laufdrehbänke. Jedoch sind die Drehstähle als Stahlhalter mit Stahleinsatz ausgebildet und sämt-

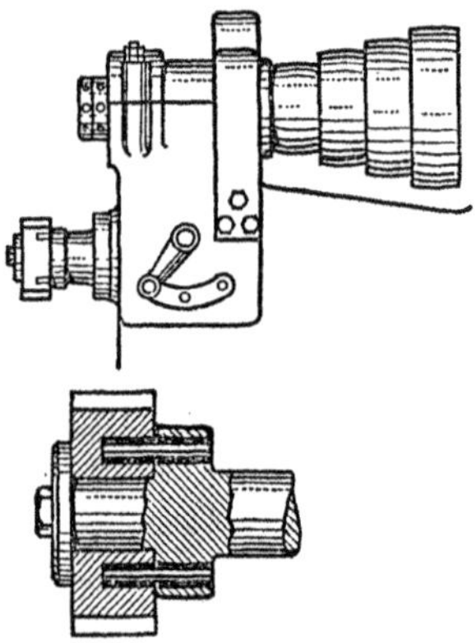

Abb. 9.

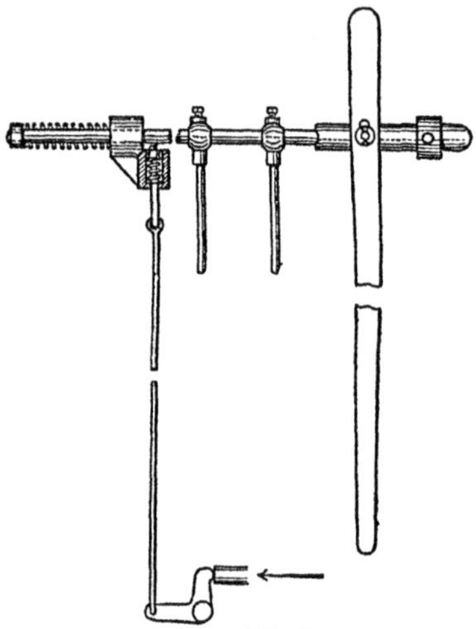

Abb. 10.

lich mit gleichem Brust- und Schneidwinkel vorbereitet greifbar. Die Wellen und Bolzen sind an den Enden plan gedreht und vermittels genormter Zentrierbohrer zentriert. — Eine Drehbank ist mit Universalplanscheibe ausgerüstet und besitzt Sondereinrichtung nur zum Bohren sämtlicher Naben, Stirnräder, Handräder und Riemenscheiben, unter Anwendung von Stangensenkern und Reibahlen. Der Arbeiter stellt diese Bohrungen billiger und zweckmäßiger mit seiner Einrichtung her als seine Kollegen an der Spitzendrehbank. Diese so gebohrten Räder werden entsprechend ihrer Form unter Anwendung von Expansionsdornen zum Teil auf der Spitzendrehbank oder auf der Rundfräsmaschine fertigbearbeitet. — An größeren Rädern sehen wir die Anwendung des Reitstocks als Bohrpinole während der Außenbearbeitung und die Anwendung der patentierten Aufbohrer von Sasse, Spandau, welche vorzügliche Dienste leisten.

Blechbecken an den Vorgelegelagern fangen das Tropföl auf, welches gesammelt durch einen Ölreiniger wieder in gebrauchsfähigen Zustand gebracht wird.

Die sogenannten Riemenlatten sind gut abgerundet und am oberen Teil zweckentsprechend breiter gehalten als die umzulegenden Riemen. Zur Aufbewahrung dienen kurze, am Boden befestigte Ausschußrohre mit Flansch.

Weitergehend nehmen wir das Zusammensetzen eines schmalen Treibriemens mittels Harrisverbinder in Augenschein. Der sachgemäß eingetriebene Verbinder ist in seiner ursprünglichen gewölbten Form erhalten geblieben, die vorstehenden Zacken sind mit dünnen Leder ausgelegt; er schmiegt sich gut an den kleinen Durchmesser der Scheibe an. Der Riemen ist vor dem Auflegen sorgfältig gereinigt und auf der Rückseite leicht mit Tran überzogen worden. Der Sattler erklärt uns auf Befragen, daß sämtliche stationäre Riemen gekittet und genäht sind.

Riemenschrauben, Spannleisten und übereinandergebundene Riemen finden keine Verwendung. Die abgerundeten Riemengabeln sind in einem bestimmten Verhältnis zur Riemenbreite vom Auflaufpunkt entfernt angeordnet.

An den Dorneintreibpressen sehen wir einige mit Kupferringen versehene Verlängerungen verschiedener Durchmesser, welche dazu dienen, Dorne aus längeren Bohrungen herauszudrücken, ohne die Bohrung zu beschädigen.

Nachdem wir uns noch über die Zweckmäßigkeit einer jeder Drehbank speziell angepaßten Geschwindigkeit und Leistungsvorschrift unterhalten haben, begeben wir uns in die Bohrerei. — Hier sehen wir als Vorbereitungsarbeit für die konische Reibahle eine dreischneidige Stufenreibahle in Anwendung, welche mit ausnahmsweise großen Spann-Nuten ausgeführt ist (Abb. 11).

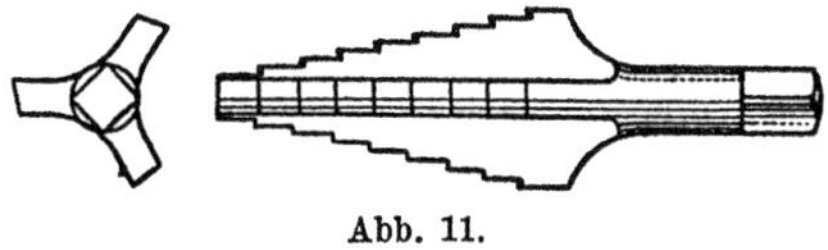

Abb. 11.

Wir haben ferner Gelegenheit, eine vorteilhafte Bohreinrichtung zu sehen (Abb. 12). In diesem Falle sind Büchsen von 28 mm äußerem Durchmesser, 80 mm Länge aus Gußeisen zu bohren. Der 16-mm-Spiralbohrer ist durch die Nabe auf dem Bohrtisch befestigt, die Büchsen sind im Rollen-Bohrfutter eingespannt; die Späne fallen also ungehindert aus der Bohrung.

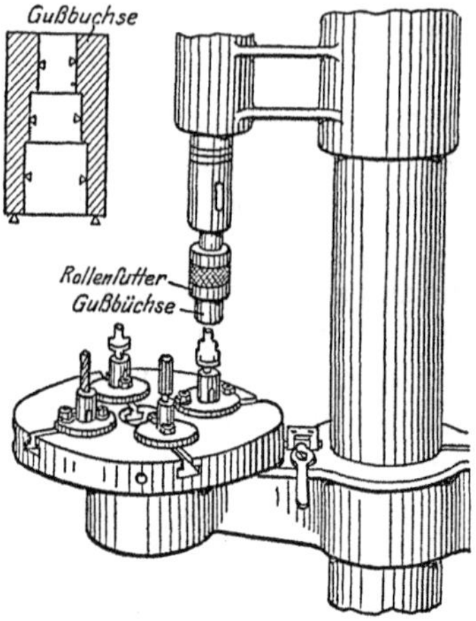

Abb. 12.

Eine weitere beachtenswerte Einrichtung besteht darin, daß kleinere Büchsen mit geriebener Ansatzbohrung und Stirnflächenbearbeitung auf der Vertikalbohrmaschine hergestellt werden.

In diesem Falle sind Spiralbohrer, Reibahle, Ansatzreibahle und Stirnfräser mit Zapfen auf eine Mittenentfernung von etwa 100 mm auf dem Bohrtisch angeordnet. Dieser dient als Revolverkopf. Die Büchsen finden im Futter Aufnahme und werden danach auf dem Dorn fertigbearbeitet. Rotgußventilspindeln (Abb. 13) werden durch das Bohrfutter im Schaft gehalten, dann durch das in der Mitte des Tisches eingespannte Schneideisen in einigen Sekunden durchgedreht und fallen sauber geschnitten in eine Rinne.

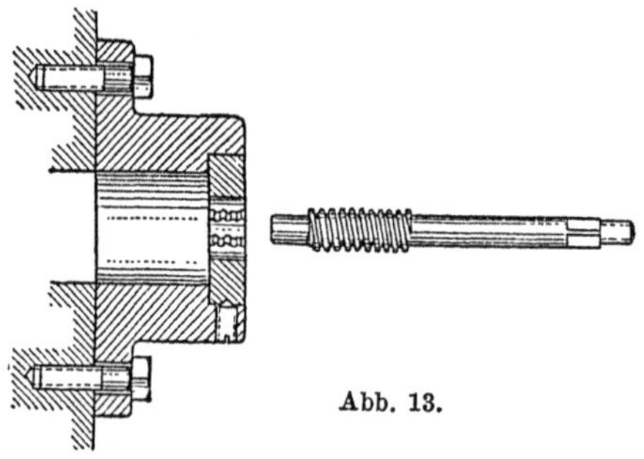
Abb. 13.

Mehrkantlöcher werden, soweit es sich um Grundlöcher mit geringer Tiefe handelt, mittels Mehrkantbohrapparat auf der Bohrmaschine gebohrt, dagegen profilierte Durchgangslöcher wirtschaftlicher und exakter auf der Räumnadelmaschine gezogen.

Wir kommen zur Fräserei. — Auch hier finden wir, soweit sich kein selbsttätiger Rücklauf bei stillstehendem Fräser anbringen ließ, selbsttätige Auslösung des Deckenvorgeleges, da die Auslösung des Vorschubes allein nicht in jedem Falle genügt, um sogenannte „Wolkenbildung“ zu vermeiden.

An kleinen Fräsmaschinen ist ein Pinsel an einer Spiralfeder oberhalb des Fräsers angeordnet, um zum Entfernen der Späne vor Rückgang des Tisches griffbereit zu sein (Abb. 14).

Die Massenartikel sind in Zählbrettern untergebracht, die stets voll zu halten sind.

Ausschußstücke werden gegen rote Atrappen in der Revision umgetauscht; dadurch übersieht der Betriebsmann sofort den Umfang des Ausschußanfalles und kann eingreifen.

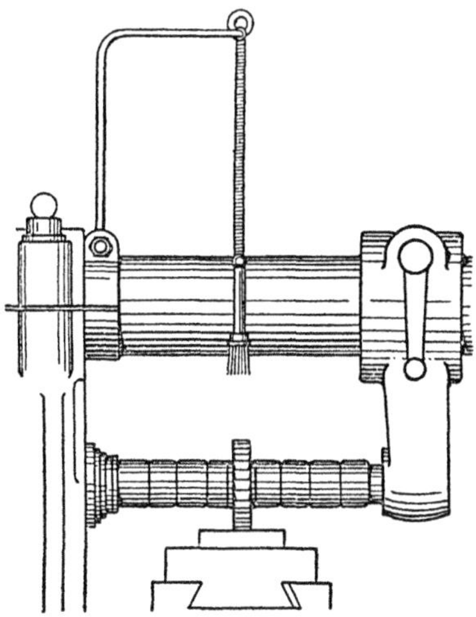

Abb. 14.

Vor dem Aufschrauben von schweren Stirnfräsern mit Gewinde und Bundanlage sind auf die Bundauflageflächen einige Tropfen Wachs aufzubringen, ein Verfahren, nach dessen Anwendung auch die schwerst beanspruchten aufgeschraubten Planscheiben sich leicht wieder von der Anlage lösen lassen.

Die in Gebrauch befindlichen Fräsdornringe sind innen und außen gut abgerundet.

Zum veränderlichen Einstellen mehrerer Scheibenfräser dienen genormte Fräsdornringpaare, welche je 2 mit 5 mm Kurve hinterdrehte Zähne aufweisen (Abb. 15).

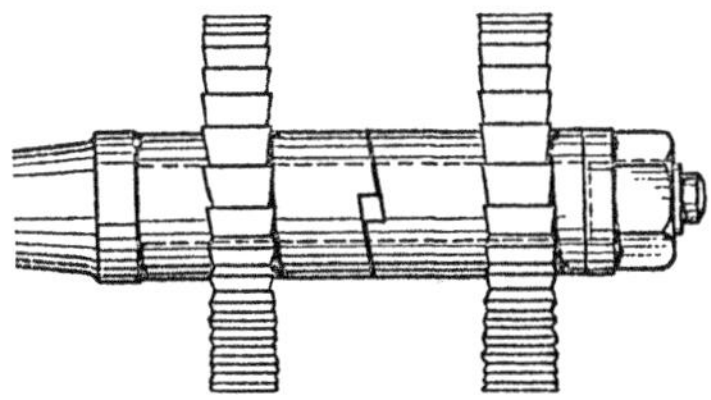

Abb. 15.

Die Spannhebelexzenter an den Spannvorrichtungen sind genormt; Längsspannung in der Fräsrichtung ist wegen der dadurch verursachten schädlichen Durchbiegung des Frästisches vermieden.

Kleine Stirn- und Sperräder sind paketweise mittels Dornen auf Vierfachteilapparate gespannt und werden wirtschaftlich auf der Planfräsmaschine gefräst.

Kegelräder sehen wir mittels konischer Scheibenfräser auf der Planfräsmaschine vorschneiden; dadurch wird die Kegelradhobelmaschine erheblich entlastet und geschont.

Große Sorgfalt ist bei der Auswahl eines Kreissägeblattes zu einer Schlitzarbeit auf die Teilung und die Verzahnung im Verhältnis zur aufzunehmenden Spanmenge verwendet.

Ein richtig behandeltes Kreissägeblatt darf weder ausbrechen noch zerspringen. In den meisten Fällen ist zu konstatieren, daß nur ein Teil der Zähne den auf den Umfang berechneten Vorschub zu verspanen hat, oder daß die zu kleinen Zahnlücken nicht im entferntesten die sich aus dem Vorschub ergebenden Spanmengen aufnehmen können. — Auf diesen Umstand ist auch das Schräglaufen der Kreissägen bei tiefer Schlitzarbeit zurückzuführen.

In der Gruppe Handhebelfräsmaschinen sehen wir die sogenannten rotierenden Feilscheiben zum Abplanen von kleinen Flächen schnell und sauber in horizontaler und vertikaler Anordnung arbeiten.

Zur Bearbeitung von Weichmetall ist die Feilscheibe bei richtiger Wahl der Hiebart und Schnittgeschwindigkeit, ca. 45 m pro Minute, unentbehrlich, leider jedoch nur in wenigen Betrieben in Anwendung.

Wir kommen zu den Hobelmaschinen. — Hier sehen wir eine vorteilhafte Anordnung von je 2 Hobelstählen auf den zwei vorhandenen Supporten. Zu diesem Zwecke sind die normalen sogenannten Meißelklappen durch erheblich breitere ersetzt (Abb. 16).

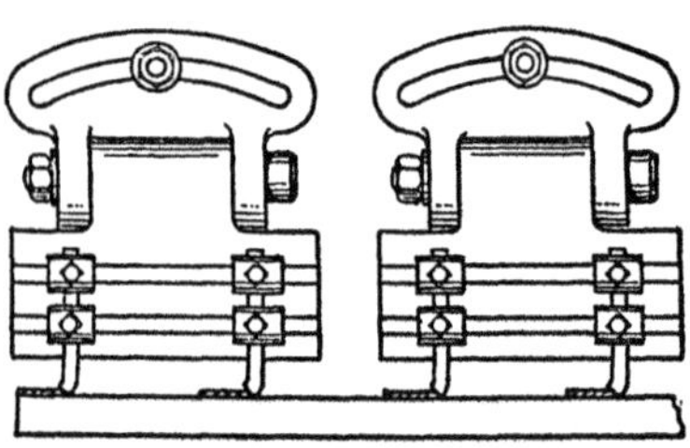

Abb. 16.

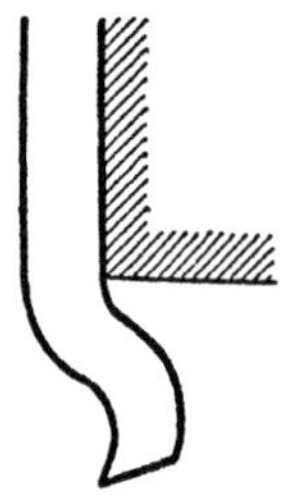

Abb. 17.

Die Einstellung auf gleiche Schnitthöhe der Stähle untereinander geschieht durch Schwenken der Meißelklappe. Durch diese Anordnung ist es möglich, die normale Laufzeit der Schropparbeit auf fast 25 vH zu beschränken.

Die Hobelstähle sind ordnungsmäßig so ausgeführt, daß die Schneidlippe sich mit dem Auflagepunkt deckt (Abb. 17). Dadurch arbeitet die Maschine zitterfrei und ohne schnatterndes Geräusch.

In Ermangelung einer Vertikalfräsmaschine in den benötigten Abmessungen hat man die T-Querschlitze einer Aufspannplatte unter Zuhilfenahme einer elektrischen Bohrmaschine, welche an die Stelle des Drehteilsupportes gesetzt wurde, auf der Hobelmaschine eingefräst (Abb. 18), also in einer Aufspannung überhobelt und gefräst.

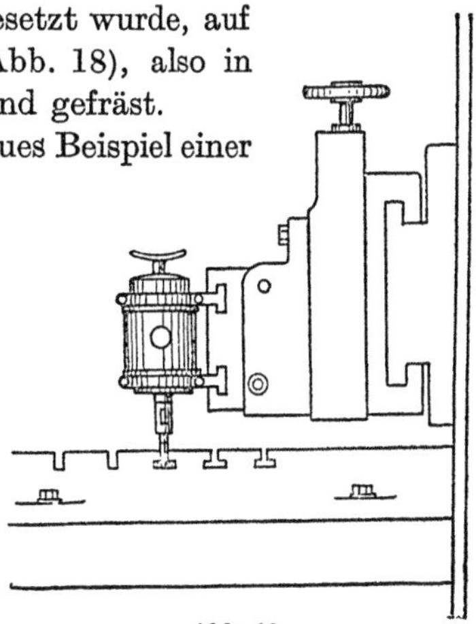

Abb. 18.

Weitergehend sehen wir ein neues Beispiel einer zeitsparenden Arbeitsmethode.

Hier sind Vertiefungen in einen Walzenmantel einzuhobeln von ca. 0,75 mm Tiefe und 10 mm Breite. Der nach jedem Arbeitsgange selbsttätig schaltende Apparat wird auf eine Hobelmaschine mit entsprechender Durchzugskraft gesetzt und die Supportklappe durch eine Spezialklappe, welche zur Aufnahme von 3 oder 4 hintereinander angeordneten Stählen dient, ausgewechselt (Abb. 19). Die Verteilung der Spandicke auf die einzelnen Stähle gestattet die Fertigstellung von je

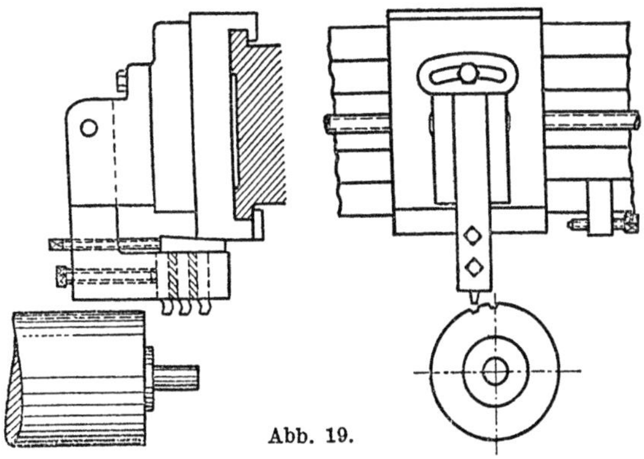

Abb. 19.

einer Nute in einem Durchgang. Hierdurch werden die Leerlaufzeiten des Rücklaufes auf ein Minimum herabgesetzt. Das Verfahren läßt sich auch auf breitere Nuten anwenden, indem man die Stähle nebeneinander stufenartig anordnet. Die Maschinen arbeiten merklich ruhiger durch die durch die Teilung der Schnittflächen hervorgerufene Spanunterbrechung.

Die harzfreien Riemen des Antriebes werden besonders pfleglich behandelt und vor längerem Stillstand der Maschinen abgeworfen.

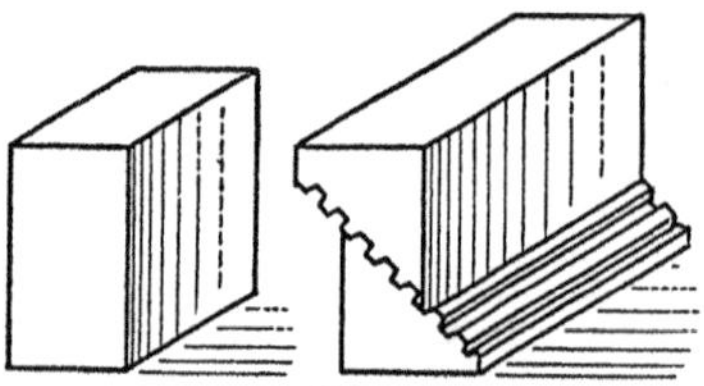
Abb. 20.

Die genormten Spanneisen sind für sämtliche Hobelmaschinen, nach Größen geordnet, in einem Regal untergebracht, die Spannmuttern auf anderthalbfacher Höhe der Normalmuttern gehalten.

Neben Unterlagklötzen in den Abstufungen von 2 mm sind die bekannten Stufenleisten (Abb. 20) vorhanden.

Wir sehen weiter eine Lösung für das Einhobeln einer Nute in einen längeren Hohlkörper (Abb. 21).

Die Verlängerung ist gelenkartig einerseits am Support, andererseits in einem drehbaren Augenlager einer auf dem Tisch be-

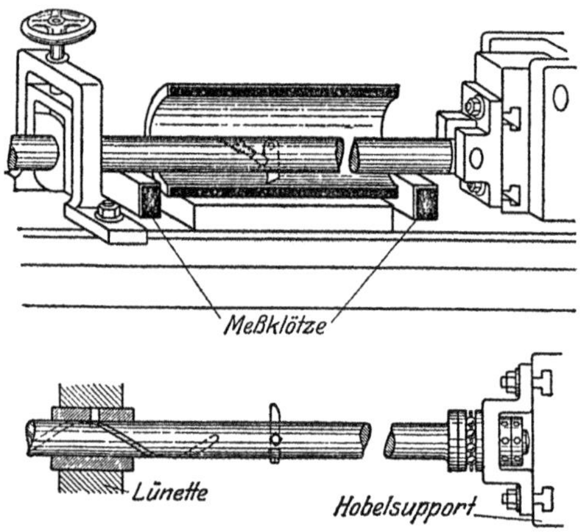

Abb. 21.

festigten Lünette gelagert. Zur gleichmäßigen Einstellung für die gewünschte Tiefe dienen zwei vor und hinter der Hülse angebrachte Parallelklötze.

Gleichzeitig (gleiche Abb.) sehen wir das Einhobeln einer Spiralnute in einen Hohlkörper.

In der Rundschleiferei sind die Aufnahmenaben der Schleifscheiben auf Durchmesser genormt; die vorhandenen Naben wurden zum Teil durch Abdrehen und zum Teil durch Aufziehen von Ringen auf die Naben egalisiert, um die Lagerhaltung an Schleifscheiben auf ein Mindestmaß zu beschränken.

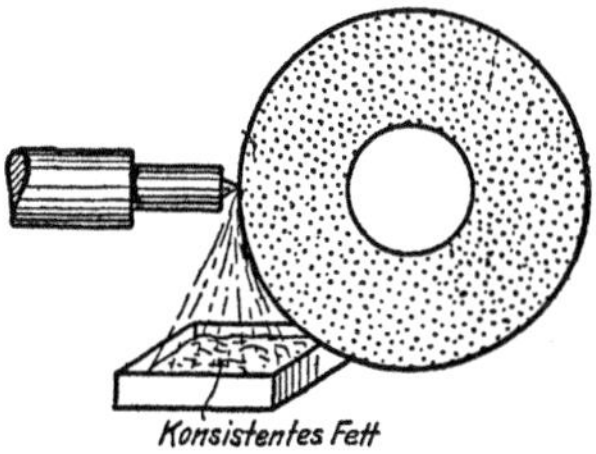

Abb. 22.

Beim Abdrehen der Scheiben mittels Diamant ist zu empfehlen, unter dem Diamanten ein Becken mit konsistentem Fett aufzustellen (Abb. 22). Der Diamant wird dadurch beim Lösen aufgefangen. Die Masse ist vor jedesmaligem Gebrauch zu glätten, um die Stelle des Eindringens feststellen zu können. Die freihändige Benutzung des Arbeitsdiamanten ist unter allen Umständen verboten.

An einer Rundschleifmaschine bemerken wir das Einstechen resp. Einschleifen von Lagerstellen resp. Hälsen in Riffelzylinder von Spinnereimaschinen dadurch wirtschaftlich gestaltet, daß 2 Scheiben unter Beibehaltung des geforderten Abstandes gleichzeitig 2 Hälse schleifen (Abb. 23 u. 24).

Wir beobachten das Planschleifen von winkelförmigen Langbauteilen. Die Flächen sind 90 mm breit bei 12 mm Stegstärke und ca. 4 m Länge. Der Verschleiß der Schleifsegmente ist normal, da deren Härtegrad der Bearbeitungsfläche von 90 mm Breite angepaßt ist.

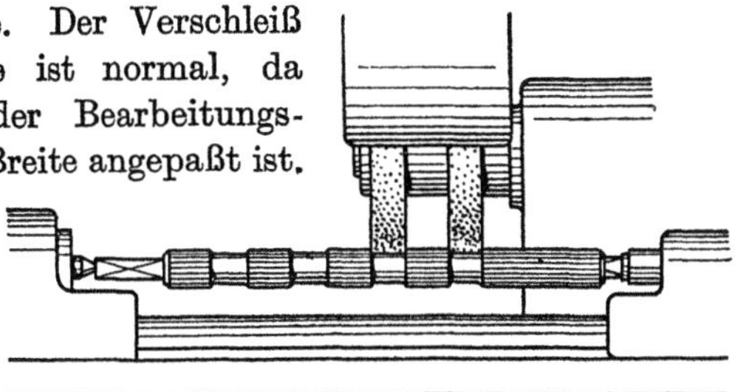

Abb. 23.

Auf einer zweiten Maschine wird die Stegstärke von 12 mm geschliffen. Hier ist der Verschleiß der Schleifsegmente ein sehr hoher, dadurch hervorgerufen, daß die Segmente für die schmale Fläche zu weich sind und der dünne Steg als Abdrehwerkzeug auf die Schleifsegmente wirkt.

An einer vertikalen Schleifmaschine schmieren und brennen die Schleifsegmente und verursachen einen zu hohen Kraftbedarf dadurch, daß sie in ihrem ganzen Umfang auf dem zu schleifenden Körper aufliegen, anstatt, wie die Praxis ergibt, etwa 0,01 vH des äußeren Durchmessers einseitig freizuliegen.

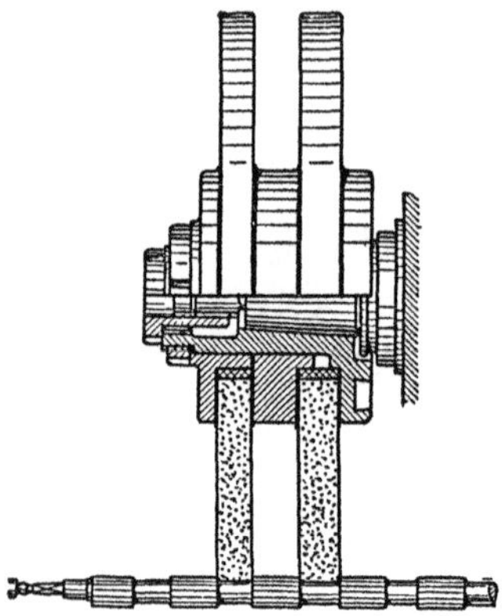

Abb. 24.

Die Bestimmung der Härte und Körnung der Schleifmittel sollte in jedem Falle unter Bekanntgabe vorhandener Daten ihrem Lieferanten überlassen bleiben.

Wir betreten den Werkzeugbau. — Die vorgearbeiteten Scheibenfräser werden nach dem Hinterdrehen nochmals auf genauen Teilapparaten nachgefräst, um die beim Hinterdrehen gerundeten Schneidkanten schnittfähig zu gestalten. Beim Vorfräsen ist bemerkenswert, daß die Fräserscheibe zur Einsparung von Bearbeitungszeit in horizontaler Lage gegen den Einschneidfräser angebracht wird (Abb. 25), entgegen der verbreiteten Gewohnheit, den Einschneidfräser axial zum Aufnahmedorn durchzuführen (Abb. 26).

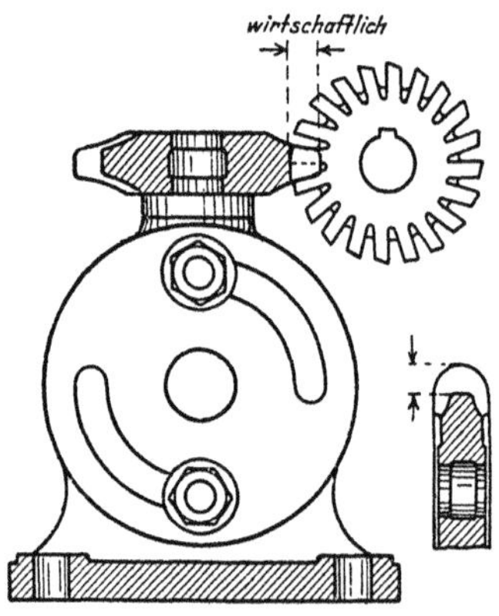

Abb. 25.

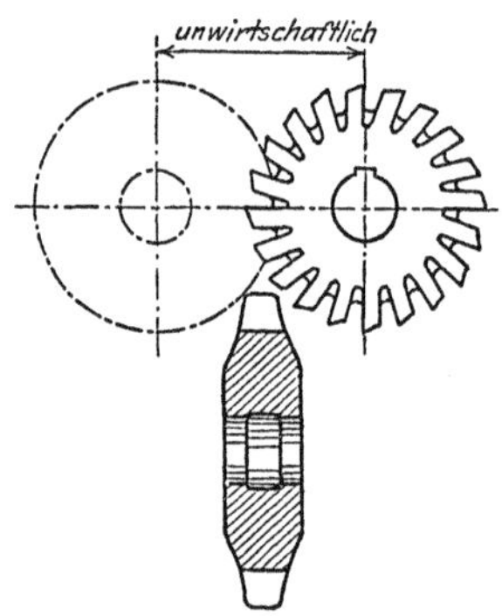

Abb. 26.

Die Herstellung der sogenannten Leistungsprofilstähle (Abb. 27) geschieht nach folgenden Grundsätzen:

Das vorgeschriebene Profil wird bei kleiner Abmessung unter Hinzuaddierung eines beliebigen Maßes zu sämtlichen Durchmessern als Scheibe gedreht, danach in 4 Teile zerschnitten; somit sind 4 Urstücke, je Rechts- und Linksprofil, vorhanden (Abb. 28). Drei Stücke kommen unter Verschluß als Ersatzstücke, ein Stück bekommt der Werkzeugmacher zur Anfertigung eines Hinterdrehstahles. Die durch Gebrauch abgenutzten Kanten können immer wieder nachgeschliffen werden, unter Berücksichtigung jeder gewünschten Profilverzerrung für die Wahl des Schnittwinkels.

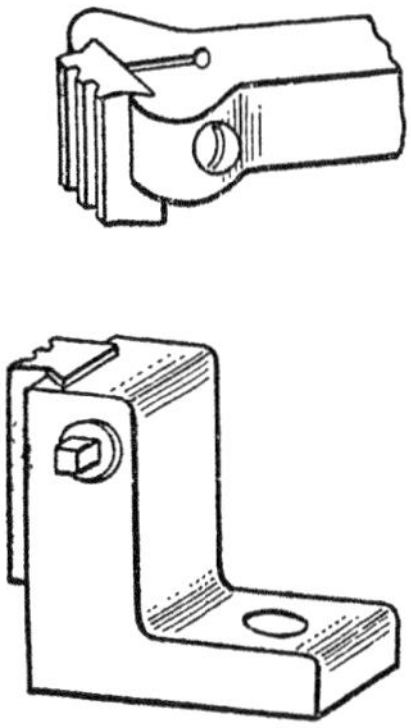

Abb. 27.

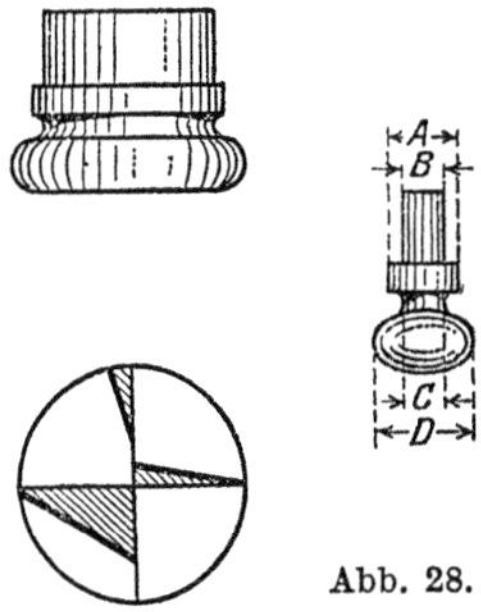

Abb. 28.

Der Hinterdrehstahl dient zur Herstellung eines Fräsers, letzterer wieder zur Herstellung von Profilleisten, welche in beliebig langen Stücken Verwendung finden. Der gleiche Ausfall der Arbeitsstücke ist somit auf lange Zeit festgelegt.

Abb. 29.

Die genormten Schneideisen sind im Anschnitt hinterdreht; gefertigt werden dieselben unterschiedlich in Stegstärke und Spanlücke für Eisen und Messing resp. Hartbronze. Die feingängigen Gewindebohrer für dünnere Bleche oder Weichmetall beliebiger Stärke sind vorteilhaft mit 3 Flächen an Stelle der Nuten zu versehen (Abb. 29).

Die Gewinde fallen sauber aus, das Material wird hierbei weniger verspant als gedrückt. Die so gefertigten kleineren Gewindebohrer haben eine verhältnismäßig lange Lebensdauer. Die Kerndurchmesser der Bohrungen sind, entsprechend dem Aufwalzprozeß, größer zu halten.

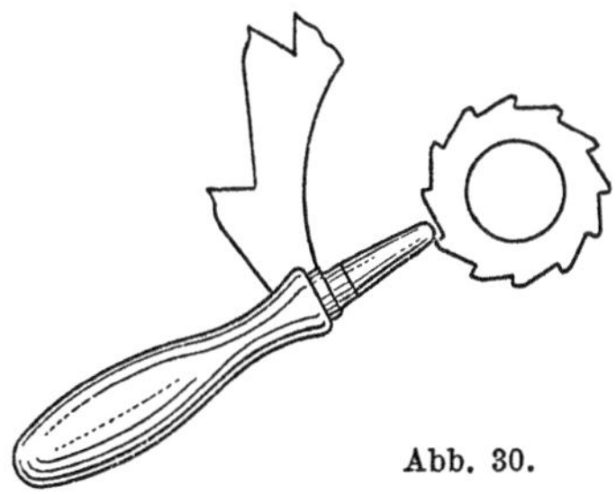

Abb. 30.

Für die Stabeisenziehmaschine sind Ziehringe in Bearbeitung, deren Außenabmessungen gleich sind. Die dem Verschleiß unterworfenen Werkzeuge finden bei dem nächsten Ziehdurchmesser Verwendung. Demnach werden Ersatzstücke nur in den kleineren Durchmessern beschafft.

Bei Reibahlen bis etwa 10 mm Durchmesser ist die Härte so gewählt, daß bei Unterschreitung des Minusmaßes bei Gebrauch eine Umlegung der Schneidlippen durch Hartstahl möglich ist (Abb. 30).

Dieses Verfahren ist besonders in der Feinmechanik angebracht, wo kalibriert gezogenes Material nur in den handelsüblichen Toleranzen zu haben ist, also die Reibahle angepaßt werden muß.

Auch hier ist die wirtschaftliche Forderung zu erfüllen, daß Ersatzwerkzeuge nur für leichten Laufsitz zu fertigen sind, um später nach Bedarf heruntergeschliffen zu werden.

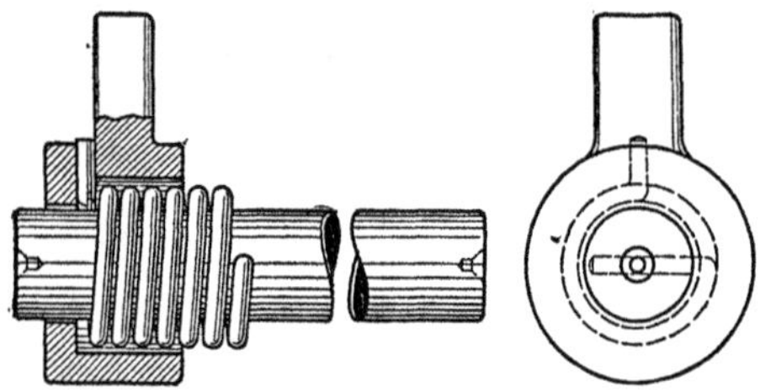

Abb. 31.

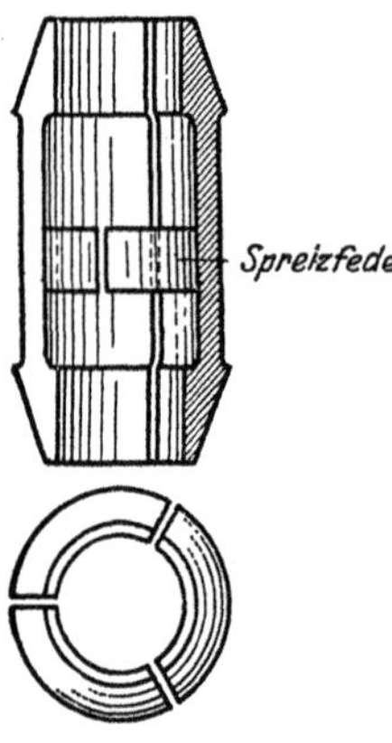

Abb. 32.

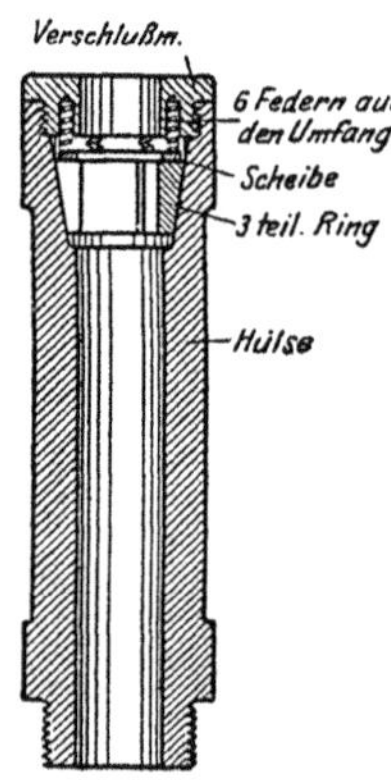

Abb. 33.

Dasselbe gilt auch für Drehdorne, die sich naturgemäß nach längerem Gebrauch in den Kerner verlaufen, dann also leicht auf dem nächsten Paßsitz zentrisch geschliffen werden können. Für besonders empfindliche Massenteile kommt ein Mitnehmer für Rechtsbeanspruchung mit einigen Linksdrahtwindungen in Anwendung (Abb. 31). Derselbe ist mit einer leichten Linksdrehung auf- und abzustreifen.

Wir haben Gelegenheit, Spannpatronen zu sehen (Abb. 32), welche für ungleiche Materialien und Rohmaterial hergestellt wurden. Diese Patronen sind in drei Teile gesägt und tragen in der Aussparung eine Spreizfeder. Um einen absolut sicheren Vorschub, auch für Rohmaterial, zu erzielen, ist die Vorschubpatrone (Abb. 33) zu empfehlen.

Beide Patronen sind absolut sicher wirkend. Dieselben passen nach Verschleiß stets auf den nächst größeren Durchmesser; also sind bei der Vorschubpatrone stets nur die dreiteiligen Backen auszuwechseln.

Für Blankmaterial hat sich die Vorschubpatrone gut bewährt; hierbei liegen drei Kugeln unter leichtem Federdruck auf einer schrägen Ebene (Abb. 34).

In Bearbeitung sehen wir genormte Schnittplatten der vier gebräuchlichsten Größen. Die Abmessungen sind so gewählt, daß unter Anwendung von Quer- und Längsformat sowohl offene Schnitte wie auch solche mit Oberführung hergestellt werden können. Die Beschriftung der gehärteten Werkzeuge findet mittels elektrischer Einrichtung statt.

Die Stempelköpfe werden ebenfalls in vier Zapfenstärken mit runden und Vierkantplatten auf Vorrat gefertigt; ebenso geschlitzte Büchsen in der Differenzstärke von einem Zapfendurchmesser zum anderen. Der Verwendung dieser Vereinheitlichung der Zapfenmaße mußte ein Aufbohren sämtlicher Pressenstößel vorangehen, da diese Bohrung noch nicht dem Pressendruck entsprechend genormt ist.

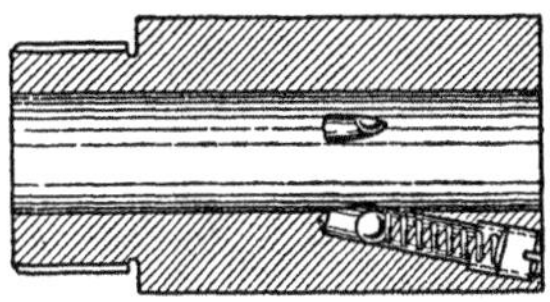

Abb. 34.

Hier kommen wir zu einer Einrichtung, die sich gut bewährt hat. Durch die Abstufung der Aufnahmezapfen unter Berücksichtigung des Stanzquerschnittes ist unterbunden, daß schwere Stanzarbeit auf hierzu nicht geeigneten Maschinen versucht wird und die Maschine zu Bruch geht. Es ist also notwendig, daß der Stanzquerschnitt auf der Werkzeugzeichnung vermerkt wird. Diese Querschnitte sind in höchstzulässige Beanspruchungsgrenzen 1—4 zu teilen, übereinstimmend die Werkzeuge je nach dem Stanzquerschnitt mit 1—4 sichtbar auszuzeichnen und an jeder Presse ein Schild anzubringen; z. B.: „Nur für Werkzeuge bis Höchstbeanspruchungsgrenze 3!"

In der Härterei haben wir Gelegenheit, das Einpacken zum Einsatzhärten von Maschinenteilen zu beobachten, welche, wie die Nachfrage ergibt, nur mit einer Schutzhärteschicht von etwa

0,1 mm versehen werden sollen. Es handelt sich in einem Falle um Typenhebel für Schreibmaschinen, in einem anderen um sogenannte Riffelzylinder, wie solche an Spinnereimaschinen Verwendung finden. Das vorgeführte Verfahren ist zu zeitraubend und umständlich, erfordert auch sehr viel Reinigungsarbeiten, wie Abbürsten der Kruste usw. Es wird vorgeschlagen, einen den Abmessungen der Teile entsprechenden Tiegelofen, mit Selasgasbrenner ausgestattet, aufzustellen und im Zyankalibad zirka 800^0 einzusetzen. Eine hochziehbare Abzugshaube entführt die schädlichen Dämpfe. Der Wasserkühlbehälter ist in nächster Nähe des Ofens aufzustellen und dafür Sorge zu tragen, daß die Ablagerungsstätten für Staub täglich durch reichliche Wasserspülung gereinigt werden können. Die Bedienung trägt während des Härteprozesses Respiratoren. Unter diesen Umständen ist das Härteverfahren im Zyankalibad absolut gefahrlos. Längere empfindliche Teile sind so in Bündel zu reihen oder in einem Spezialtauchkorb aufzuhängen, daß ein Verziehen dieser Teile möglichst vermieden wird. Kleinere Teile, wie Muttern, Schräubchen usw., taucht man am besten mit einem Korb aus Drahtgeflecht. Stellen, welche den Einsatz nicht annehmen sollen, sind zweckmäßig vorher galvanisch zu vernickeln, und Löcher, welche weich bleiben sollen, auszulehmen. Es ist ferner ratsam, die Tauchgefäße vor dem ersten Eintauchen zu vernickeln, um ein Brüchigwerden durch den steten Gebrauch zu verhindern. Die Einsatztiefe kann beliebig von 0,01 mm aufwärts je nach der Dauer des Bades gesteigert werden. Die Teile sind nach dem Ablöschen in Wasser ohne Krustenbildung.

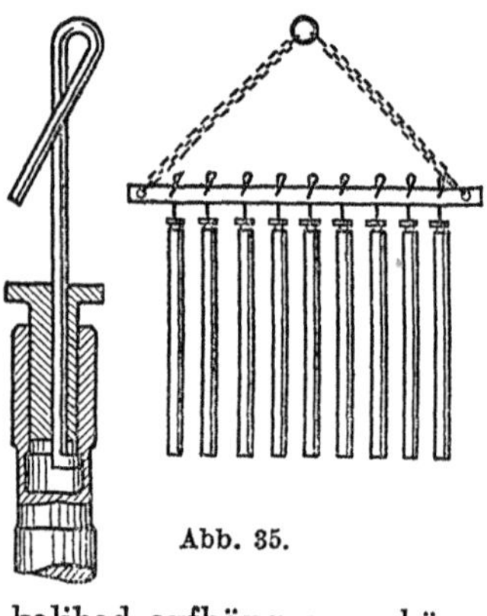

Abb. 35.

Wir sehen eine Aufhängevorrichtung, um Riffelzylinder in das Zyankalibad aufhängen zu können (Abb. 35). Die Riffelzylinder besitzen im unteren Teile der Bohrung eine Aussparung, in diese wird die mit einer Nase versehene Aufhängöse eingeführt und durch eine verschiebbare zentrische Büchse in den Greifbereich der Aussparung geschoben. Dieses Verfahren wurde gewählt, um eine Beschädigung der Zylinder in warmem Zustande zu vermeiden.

Interessant ist das Blankglühen von Maschinenteilen und Ziehkörpern. Diese werden in Röhren mit geschweißtem Boden unter Auffüllung der Zwischenräume mit Graugußspänen verpackt. Die Röhren werden durch einen Deckel mit Lehm verschlossen und in einem Glühofen auf Temperatur gebracht, um nachher allmählich in geschlossenem Zustande unter Luftabschluß abzukühlen. Die so behandelten Teile sind nach dem Glühen blank und zunderfrei und bedürfen für die Weiterbearbeitung, z. B. Ziehen, keinerlei Behandlung in einer Beize. Das Verfahren ist einfach und billig, da die Glührohre selbstverständlich aus Abfall hergestellt werden können.

Nun kommen wir zum Vorrichtungsbau, der in Gruppen eingeteilt ist: Bohr- und Drehvorrichtungen, Fräsvorrichtungen, Schnitte- und Stanzenbau, Lehrenabteilung, Metallmodelle.

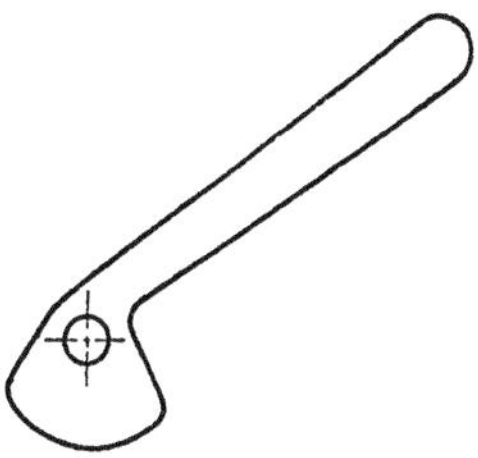

Abb. 36.

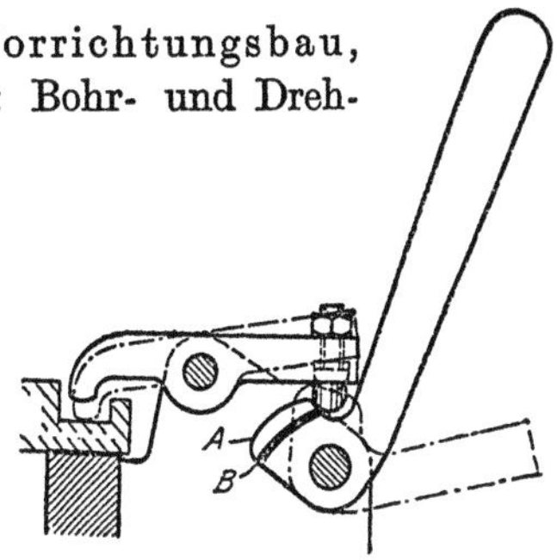

Abb. 37.

Wir sehen hier den Fortschritt, den die Normung der gängigsten Maschinenbauteile, wie Griffe, Schrauben, Unterlegscheiben mit Kugelflächensitz, Prisonstifte usw., auch für den Vorrichtungsbau bedeutet.

Empfehlenswert finden wir die Ausführung eines Exzenterhebels für einfache Spannung (Abb. 36) und eines solchen für Spannungen, bei denen ein größerer Hub verlangt ist (Abb. 37); Werkzeugklemmschrauben nach Ausführung B (Abb. 38), Bajonettmuttern zum Aufstecken auf den Gewindeschaft für Schnellspannzwecke (Abb. 39); Meißelhalterschrauben mit zylindrischem Bund im Gegensatz zu konischem Bund (Abb. 40). Letzterer zersprengt bei starker Beanspruchung das Oberteil.

Eine Stützspirale (Abb. 41) ist in solchen Fällen in Anwendung, wo es gilt, bei dünnen Abmessungen zu bearbeitender Maschinenteile dem Werkzeugdruck entgegenzuwirken.

Die Spiralscheibe soll so angeordnet sein, daß der gering vorstehende ränderierte Außenrand leicht durch die flache Hand betä-

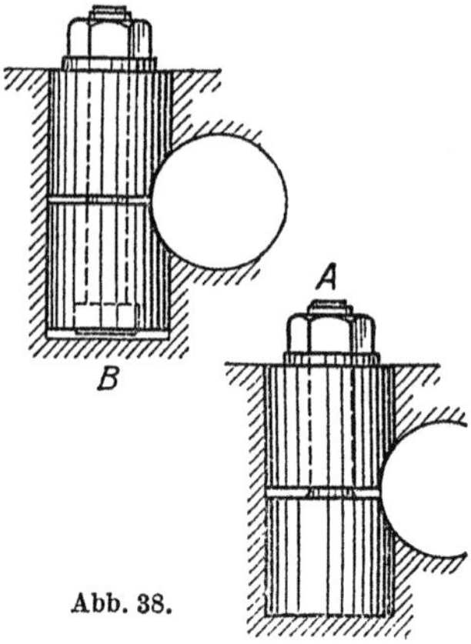

Abb. 38.

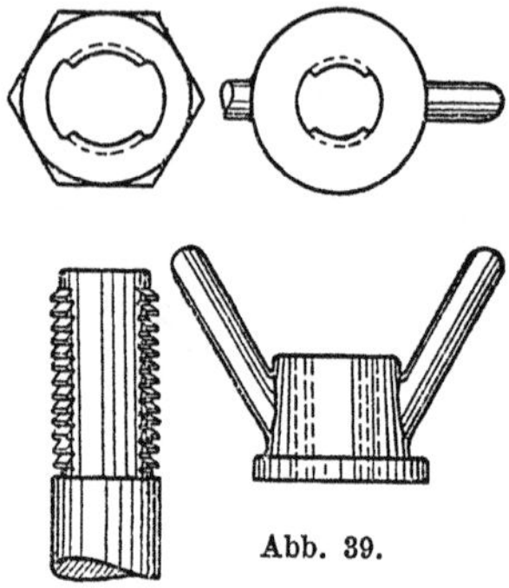

Abb. 39.

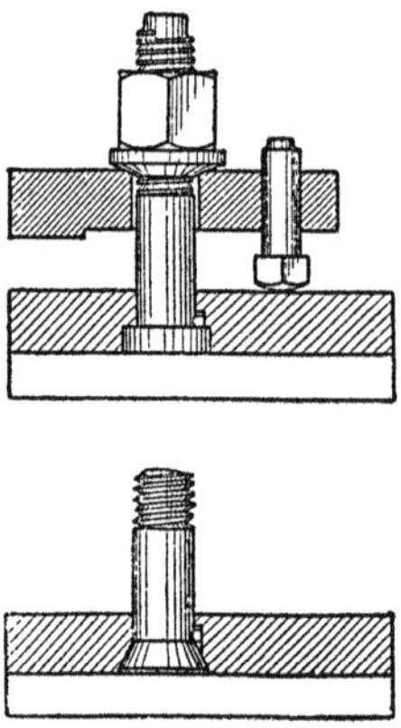

Abb. 40.

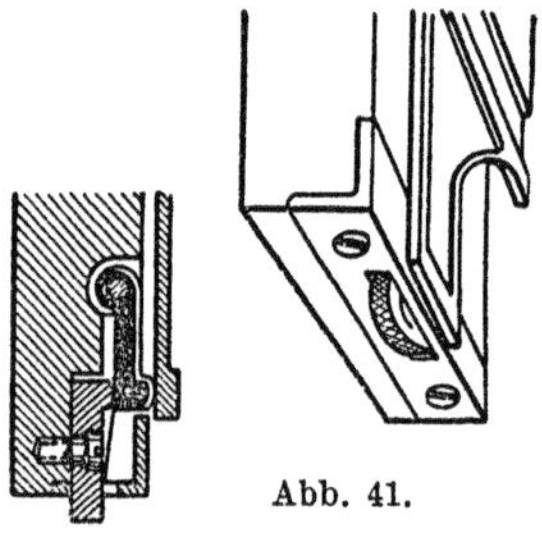

Abb. 41.

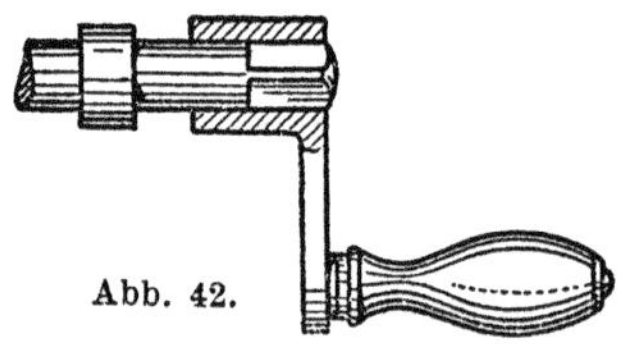

Abb. 42.

tigt werden kann. Die seitlich gehaltene Stützklinke läßt eine Selbstlösung durch Vibration nicht zu. Die Kurbeln sind zum leichten Umsetzen im vorderen Teil mit einer Zentrierung versehen (Abb. 42).

Spindelabmessungen für Planscheibenspindeln, Planscheibenklauen, Führungsbreite und Vereinheitlichung des Stichmaßes von der Auflagefläche bis Spindelmitte im Verhältnis zum Planscheibendurchmesser sind genormt (Abb. 43).

Weitergehend sehen wir die Herstellung von Rachenlehren mit auswechselbaren Schenkeln, durch die es ermöglicht wird, jedes beliebige Maß zum Vordrehen in einigen Minuten herzustellen. Auf die Vorzüge dieser Vorrichtung werde ich an anderer Stelle noch zurückkommen.

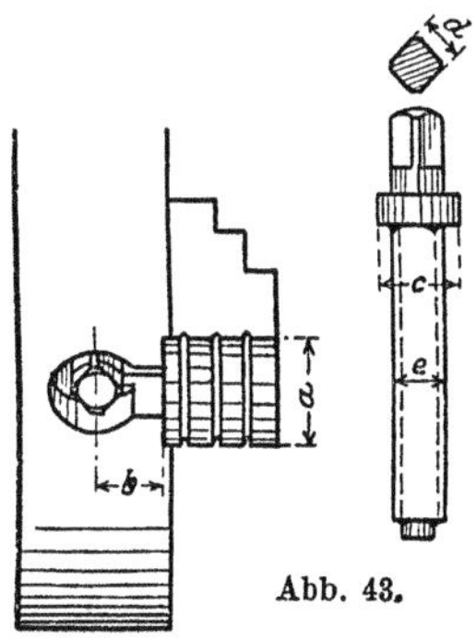

Abb. 43.

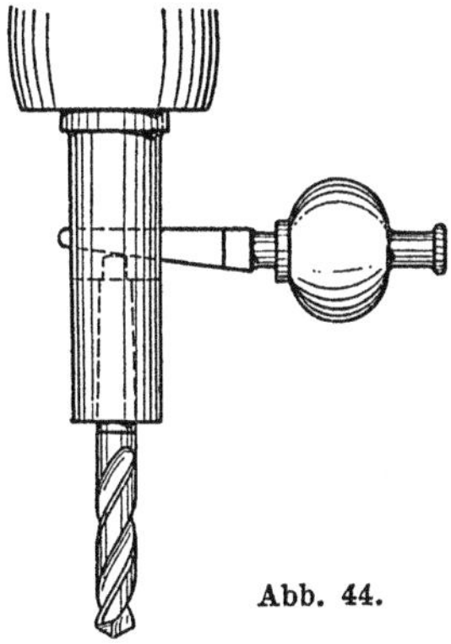

Abb. 44.

Wir sehen ferner ein anderes praktisches Werkzeug, das an keiner Bohrmaschine fehlen sollte: einen Bohrtreiber (Abb. 44). Dieser Treiber ist mit einer Hand durch Hineinschnellen der Schlagkugel bequem zu bedienen; die zweite Hand ist frei, um den Bohrer abzufangen.

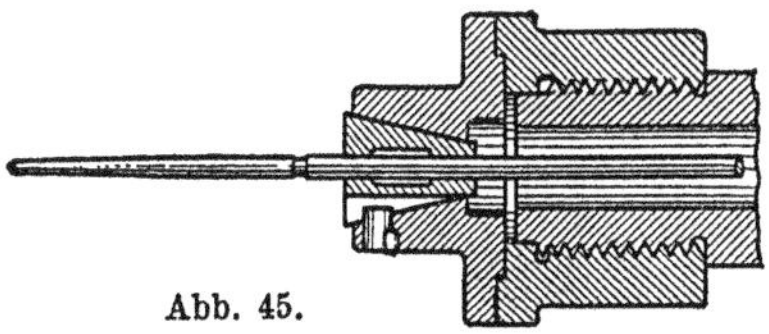

Abb. 45.

Spindeln dünnerer Abmessungen lassen sich wie im vorliegenden Falle, wo es sich um zwei Konen handelt, ohne Lünette vorteilhaft fertigbearbeiten, wenn die Aufnahme so erfolgt, daß eine Durchfederung bei der Bearbeitung möglichst vermieden wird. Dies geschieht, indem der Mitnehmerkonus auf den vorgedrehten Schaft aufgepaßt und mit letzterem in dem Hohlfutter aufgenommen wird (Abb. 45); als Gegendruck dienen Hohlkerner in der Pinole.

Eine in der Mitte der Spindel verlangte Eindrehung wird durch einen auf dem Support angeordneten umklappbaren Stahl in derselben Operation hergestellt (Abb. 46).

Auf einer dann vorgeführten Vorrichtung (Abb. 47) sind Innen- und Außenvierkante auf Festsitz ineinandergepaßt. Die Arbeit wurde bisher mittels Holzhammer durch eine unkontrollierbare An-

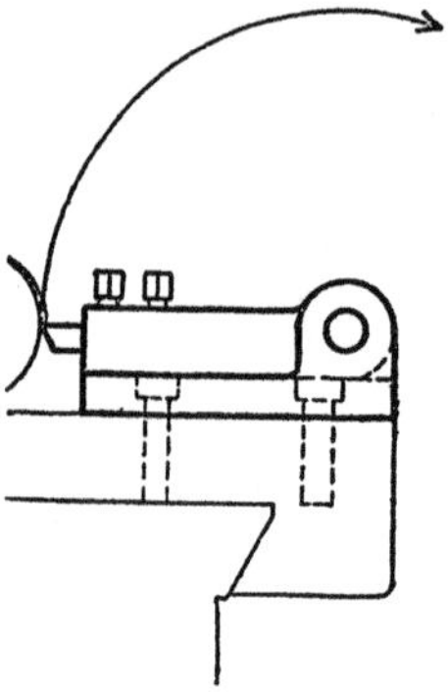

Abb. 46.

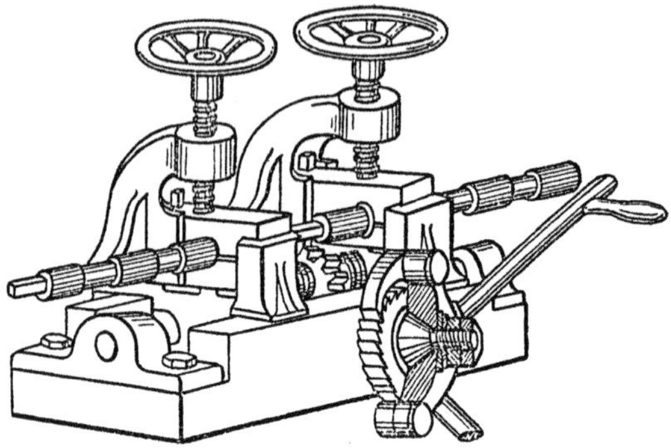

Abb. 47.

zahl von Schlägen ausgeführt. — Die Vorrichtung zeigt eine beliebig einstellbare Friktion zum Hineindrücken, welche gleitet bei zu starker Gegenwirkung. Zum Rückwärtsdrehen liegt eine Klinke im Sperrad. Die Gleichmäßigkeit des Sitzes ist also gewahrt.

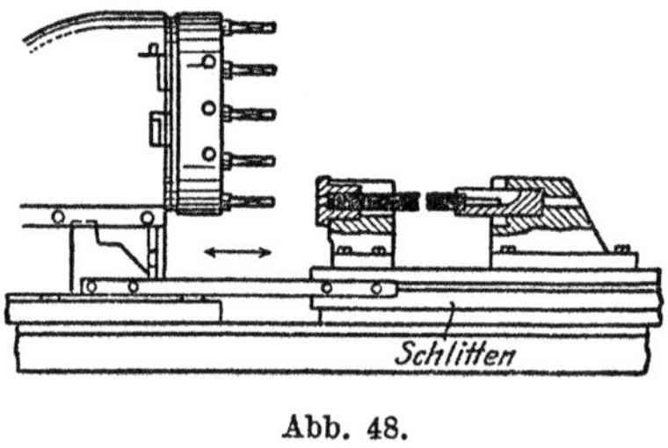

Abb. 48.

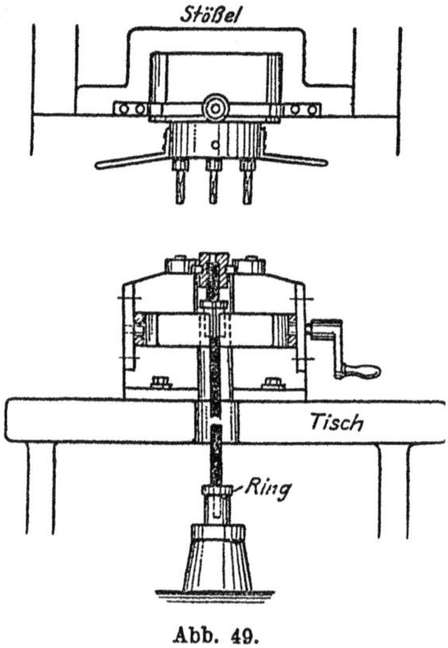

Abb. 49.

Die scharfen Vierkante, 15 mm Schlüsselweite, 55 mm tief, sogenannte Sacklöcher, werden auf einer Horizontalpresse, welche mit einem Revolverkopf ausgerüstet ist, durch zehnmaliges Schalten exakt hergestellt (Abb. 48).

Eine weitere bemerkenswerte Einrichtung zum Dornen von Mehrkantlöchern besteht darin, daß der Stößel einer Fußtrittpresse mit einem Stempelhalterteller ausgerüstet ist (Abb. 49).

Praktisch erscheint uns ein Büchsenzieher (Abb. 50), welcher dazu dient, Büchsen zwecks Auswechselung aus der Bohrung zu ziehen.

Bemerkenswert ist das Eindrehen von Schlitzschrauben in ein Schlittenteil vermittels Bohrmaschine und einen in eine Friktion gelagerten Schraubenzieher (Abb. 51).

Zu der Abteilung Revision, in die wir jetzt gelangen, ist folgendes zu sagen:

Der Einzelkontrolle oder Revisionsabteilung fällt die Aufgabe zu, Einzelteile oder Gruppen solcher auf ihre Maßhaltigkeit nach Zeichnung zu prüfen. In den weitaus meisten Fällen wird dieser

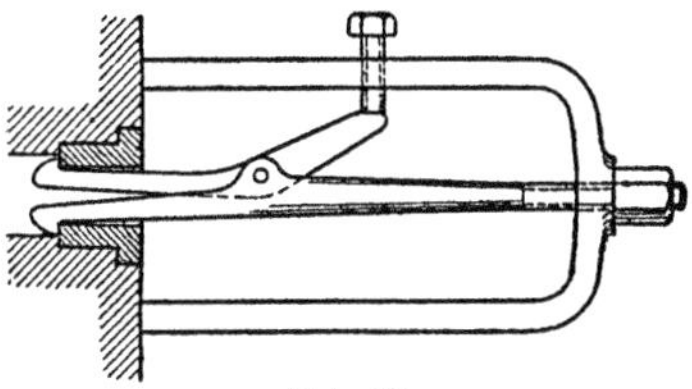

Abb. 50.

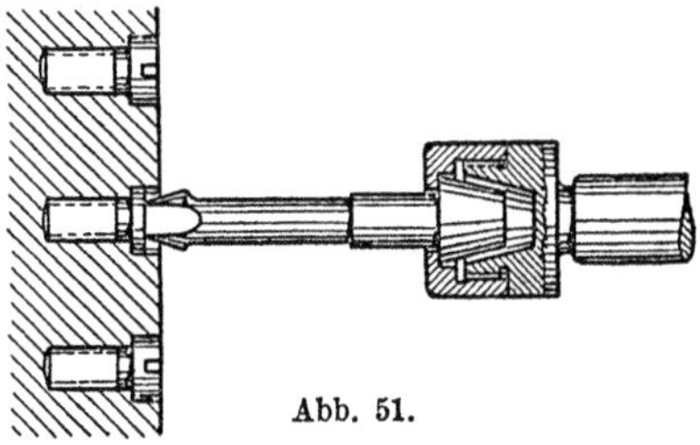

Abb. 51.

Aufgabe in bezug auf Maße, welche für die Einbaudaten oder die Funktion ohne Belang sind, zu wenig Verständnis entgegengebracht. Dasselbe trifft zu, wenn es sich um augenscheinliche Prüfung, also um die Außenbeschaffenheit der Bauteile handelt. Hier muß die Entscheidung über die Brauchbarkeit in den Händen eines Herrn liegen, welcher neben Verantwortungsgefühl auch einen praktischen Blick für die zulässige Grenze noch brauchbarer Teile besitzt.

Die Festlegung der Toleranzen wird in den weitaus meisten Fällen — insbesondere trifft dies bei Neuaufnahmen zu — durch Ingenieure getätigt, welche in der Theorie gut, in der Praxis jedoch zu wenig bewandert sind, um die zweckdienliche Passung bestimmen zu können. Findet ein Hand-in-Hand-Arbeiten statt, so lassen sich auf diesem Gebiete viele Kosten und viel Ärger ersparen.

Wir beobachten die Revision kleiner Hülsen aus Gußeisen von 11 mm Durchmesser und etwa 75 mm Länge mit einer Innenbohrung von 7 mm $+-0{,}01$, von denen ein großer vH-Satz beanstandet wird, da die nicht durchgehende Innenbohrung nur unter Anwendung von Gewalt die Einführung des Minuskalibers zuläßt. Der Grund dafür ist in dem Umstande zu suchen, daß die Schlußbearbeitung dieser übrigens maßhaltigen Hülsen in gut handwarmem Zustande vorgenommen wird, wodurch sich die Hülsen verziehen. An Stelle des Kontrolldornes ist eine maßhaltige Reibahle mit einer auf dem Kontrolltisch befestigten sogenannten Handleier (Abb. 52) einzuführen, und die Kontrolle beschränkt sich auf die Maßhaltigkeit der Reibahle.

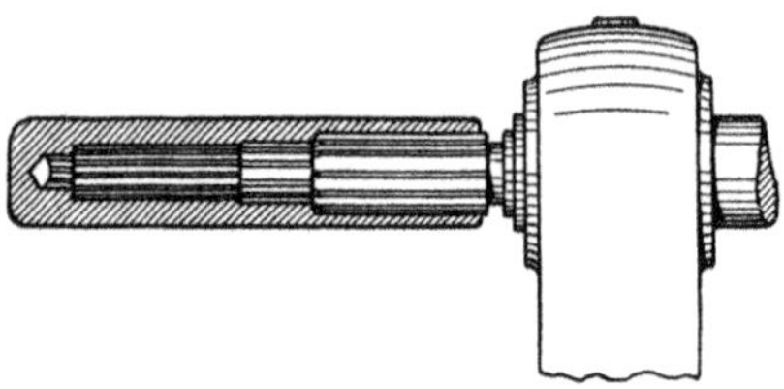

Abb. 52.

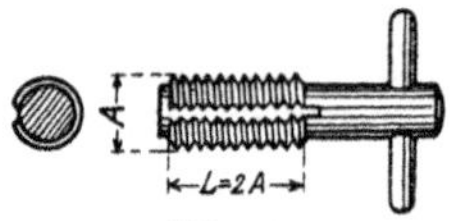

Abb. 53 a.

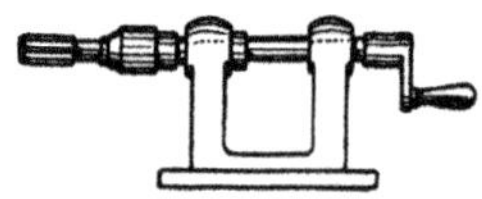

Abb. 53 b.

Zum Nachlehren von Gewindelöchern sehen wir im Werkzeugbau die Fertigung von sogenannten Ausputzern. Es sind dies

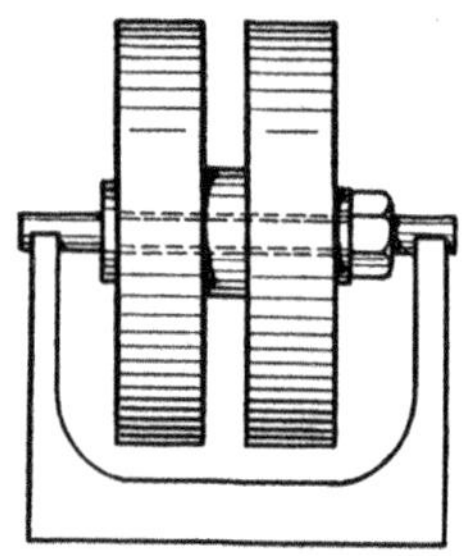

Abb. 54.

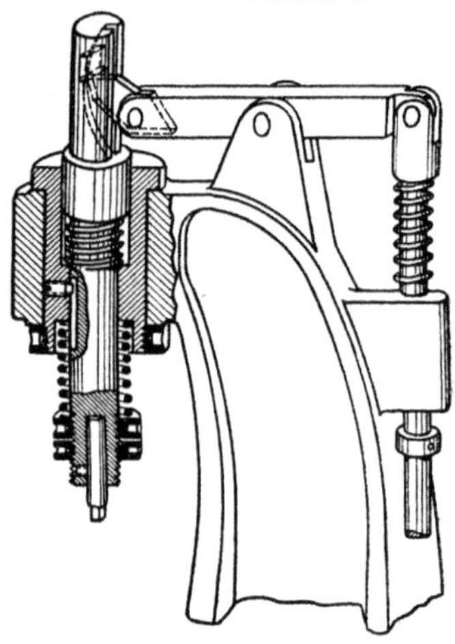

Abb. 55.

Gewindestücke von doppelter Länge des Gewindedurchmessers, mit einer schmalen Halbrundnute und Querstift versehen, gehärtet, danach die Nute geschliffen (Abb. 53 a).

Die Originallehren werden durch Anwendung dieses Hilfswerkzeuges erheblich geschont. Bei Massenartikeln werden die Ausputzer an die Handleiern eingespannt (Abb. 53 b).

In der Revision sehen wir weiter in Anwendung zum Kontrollieren dünnerer flacher Massenartikel eine Lehre aus drei plangeschliffenen gehärteten und durch Bolzen verbundenen Scheiben (Abb. 54).

Die Lehre hat bei dieser großen Meßfläche ohne Zweifel eine lange Lebensdauer.

Gut funktionieren die Stempelapparate zum Anbringen des Kontrollzeichens (Abb. 55). Dieselben sind auf Schlagtiefe eingestellt und auch zur Fußbedienung eingerichtet. Die mittlere Feder fängt elastisch den fallenden Stößel auf und hebt denselben wieder in Schlagstellung.

Zum Schlusse statten wir noch der Montagehalle einen Besuch ab.

Diese ist in Gruppenmontagen unterteilt. Eine Tafel am Eingang trägt die Aufschrift „Heute fehlen folgende Bauteile . . . aus Abteilung . . .“, eine Einrichtung, welche jeden Interessierten in den Stand setzt, einzugreifen.

Die entstehenden Maschinen tragen an sichtbarer Stelle Typenbezeichnung, Auftragsnummer und Liefertermin.

Sämtliche Nacharbeiten werden in Tagesberichten verzeichnet. Diese laufen über die technische Leitung, deren vornehmste Aufgabe darin liegen muß, maschinenfertige, gesetzmäßige Arbeit zu erstreben. — Dazu gehört wieder der „Wille zur Ordnung um jeden Preis!“

Wir sind am Ende unseres Rundganges angelangt, und damit ist dieser Teil meines Vortrages erledigt. Anschließend hieran wollen wir noch einige selbstgebaute Spezialmaschinen und

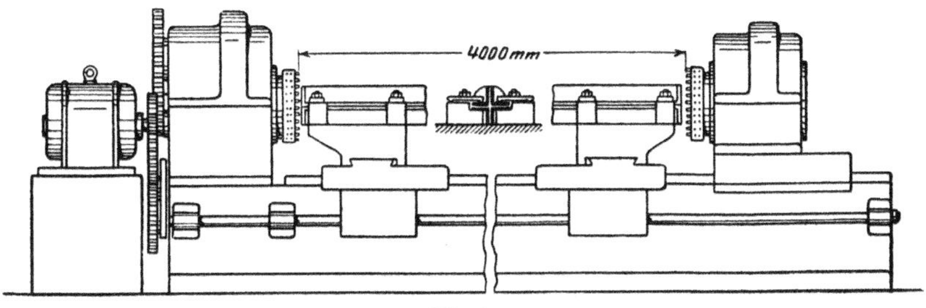

Abb. 56.

-einrichtungen betrachten, um dann am Schlusse einige Beispiele von zweckmäßigen, kostensparenden Konstruktionselementen in

Augenschein zu nehmen. Die Vorführung soll nur als Anregung dienen, die fast in jedem Werke brachliegenden Maschinen irgendeiner Zweckbestimmung im Produktionsprozeß zuzuführen.

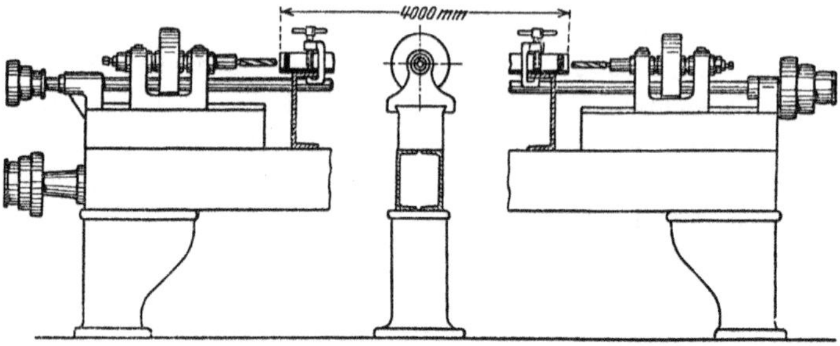

Abb. 57.

An anderer Stelle wurde schon ausgeführt, daß eine große Anzahl von Spezialmaschinen und Spezialeinrichtungen nicht auf dem Markte erhältlich ist. In den weitaus meisten Fällen wird ein praktisch veranlagter Einrichtungsingenieur ältere Maschinen

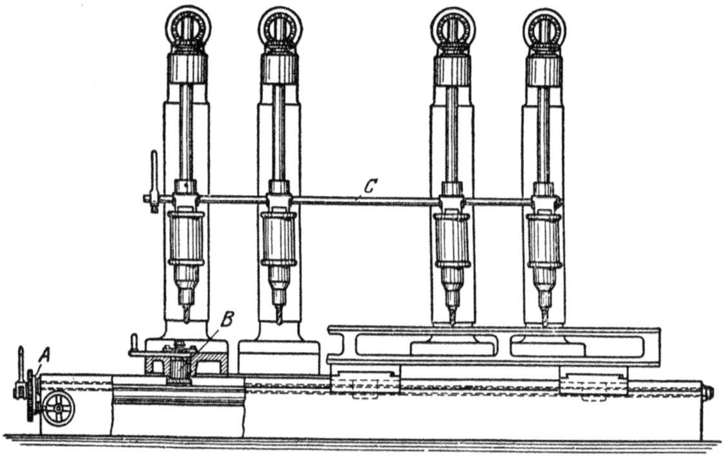

Abb. 58.

bei der Herstellung von Spezialeinrichtungen adaptieren. Die geforderten Daten sind bei der Selbstherstellung erfüllbar und die Investierungskosten auf ein Geringstmaß beschränkt. Normale Bauteile, wie Bohr- und Frässpindel, Spindelstöcke, Antriebscheiben, Planscheiben usw., sollen bei solchen Umbauten von den einschlägigen Fabriken bezogen werden.

In Abb. 56 ist eine aus zwei sogenannten Kanonenbohrbänken hergestellte Doppelfräsmaschine zum Ablängen von Langbauteilen dargestellt. Die Bearbeitung findet in einer Einspannung statt. Die Spanneinrichtung gestattet die gleichzeitige

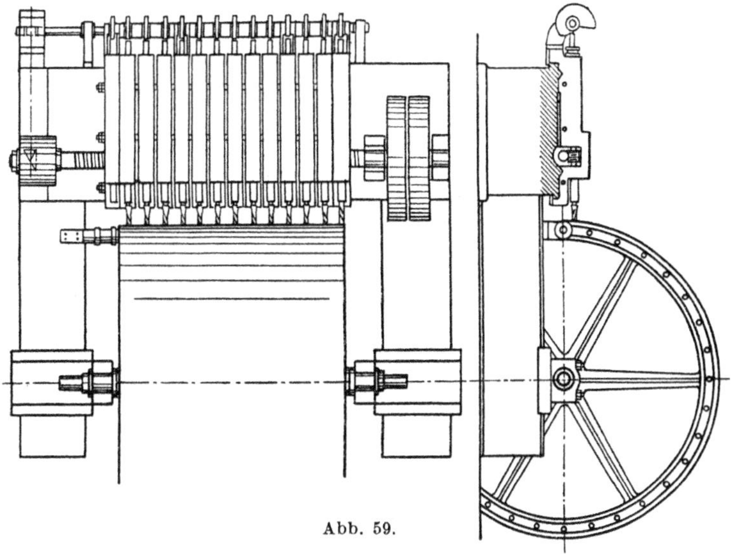

Abb. 59.

Aufnahme von vier Langbauteilen. Die Fräsköpfe sind mit auswechselbaren Einsatzstählen ausgestattet. Der Vorschub wird von einer im Bett gelagerten Nutwelle getätigt.

Abb. 57 stellt eine Doppelbohrmaschine dar, welche in dieser Länge auf dem Markte ebenfalls nicht zu haben ist. Diese Maschine ist aus zwei vorhandenen Drehbankspindelstöcken in Verbindung mit zwei nach

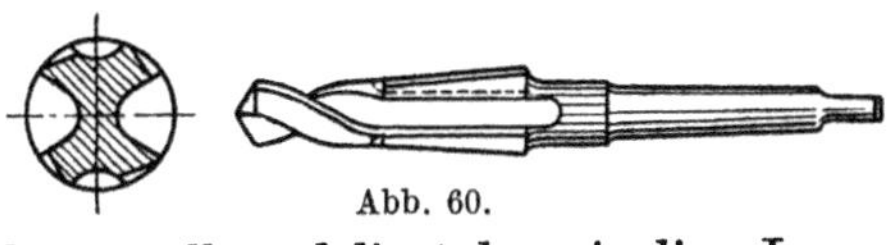

Abb. 60.

innen gekehrten U-Eisen hergestellt und dient dazu, in diese Langbauteile beiderseitige Befestigungslöcher gleichzeitig einzubohren.

Abb. 58 betrifft eine Mehrspindelbohrmaschine, welche aus vier normalen Ständerbohrmaschinen auf gemeinsamem Doppelbett montiert, gleichzeitig vier Löcher beliebiger Teilung bohrt. Die Teilung erfolgt durch eine Umdrehung der Indexscheibe auf das im Doppelbettkopf befindliche Wechselrädergetriebe.

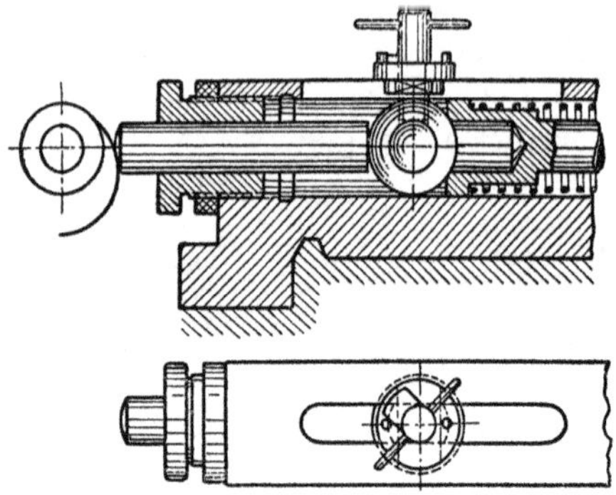

Abb. 61.

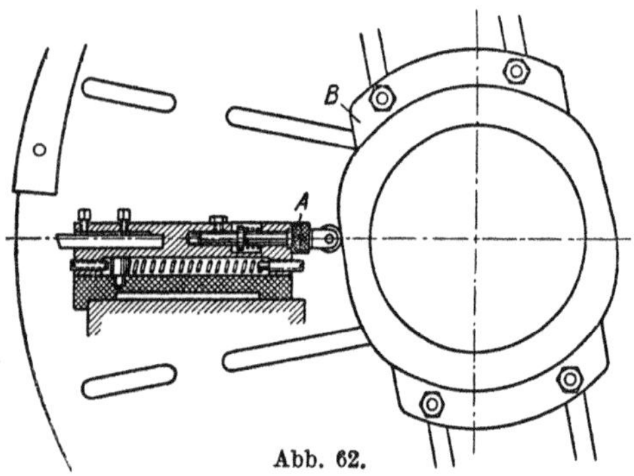

Abb. 62.

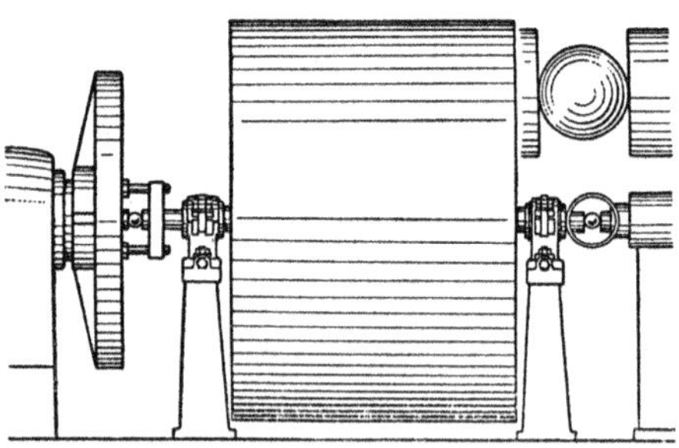

Abb. 63.

Abb. 59 ist die Darstellung einer Dreizehnfach-Querbohrmaschine, welche aus einem Drehbankbett mit 13 Spezialspindelstöcken mit Schraubenräderantrieb hergestellt ist. Dieselbe dient zum Bohren der Aufnahmelöcher für Holzstopfen in den Kardentrommeln und Abnehmerwalzen von Spinnereimaschinen. Eine auf der Trommelstirnwand angebrachte Teilscheibe gestattet mittels Index die Teilung. Die Spiralbohrer (Abb. 60) sind in Spezialausführung so hergestellt, daß nach einer Bohrtiefe von 20 mm sofort auf den Spiralbohrerschaft das Reibwerkzeug folgt, also kombinierter Spiralbohrer mit Reibahle aus einem Stück. Soll nur ein Teil der Spindelstöcke in Tätigkeit treten, so wird der auf dem Spindelstock befindliche Knebel, welcher eine durchbohrte Kugel trägt, mit der Bohrungsachse auf die Druckachsenrichtung eingestellt, und die Kurve macht einen Leerlauf (Abb. 61).

Abb. 62 veranschaulicht eine Kurvendreheinrichtung für sogenannte Flexibelbögen mit verschiedenem Radius. Es handelt sich um eine normale Kopfdrehbank, bei welcher der bewegliche, durch Feder rückziehbare Oberschlitten durch ein in der Mitte der Planscheibe angebrachtes Doppelkurvenstück die Bearbeitung zweier Halbbogen gestattet. Auch hier wurde durch sinnreiche Vorrichtung eine Spezialmaschine erspart.

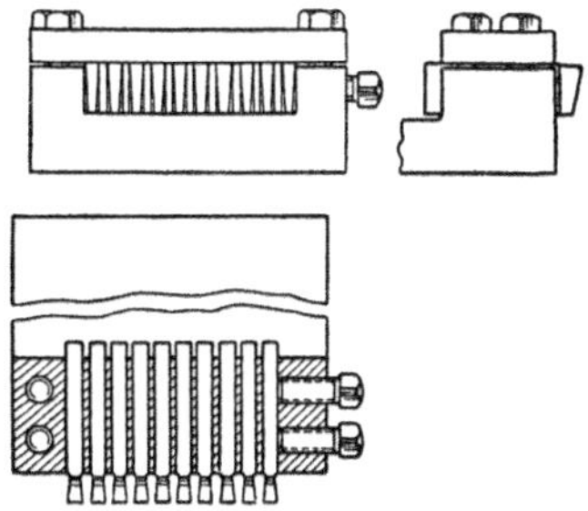

Abb. 64.

Abb. 63 zeigt das Fertigdrehen einer Kardentrommel, welch letztere, in derselben Art wie später im Krempel gelagert, vollständig freiliegend die letzte Bearbeitung erfährt. Bemerkenswert ist, daß in den Kernerbohrungen der Achse zur Vermeidung von Seitenschwankungen an jedem Zapfen eine Kugel eingelagert ist, welche durch eine plangeschliffene Kernerfläche ihre Begrenzung erhält. Die unter solchen Bedingungen hergestellte Trommel ist, da keiner schädlichen äußeren Beeinflussung, wie z. B. Achsen- oder Schenkeldruck, unterworfen, absolut rund und schlagfrei.

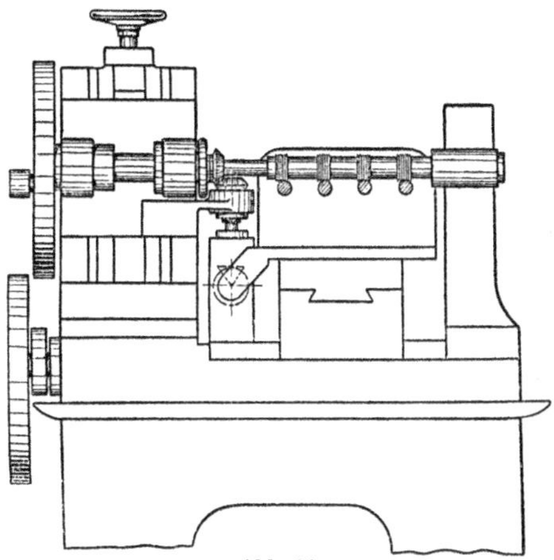

Abb. 65.

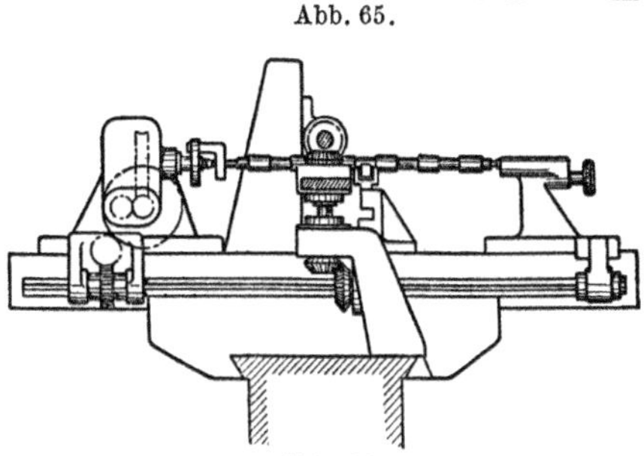

Abb. 66.

In Abb. 64 sehen wir einen charakteristischen Fall für die Lösung der Werkzeugfrage; das Schneiden von Gewinde auf der Dreh-

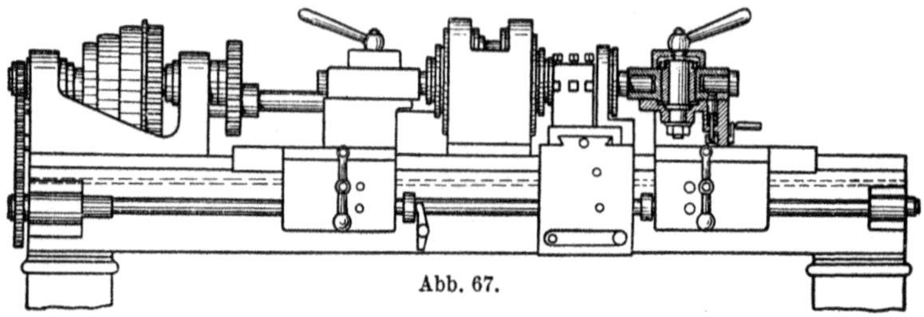

Abb. 67.

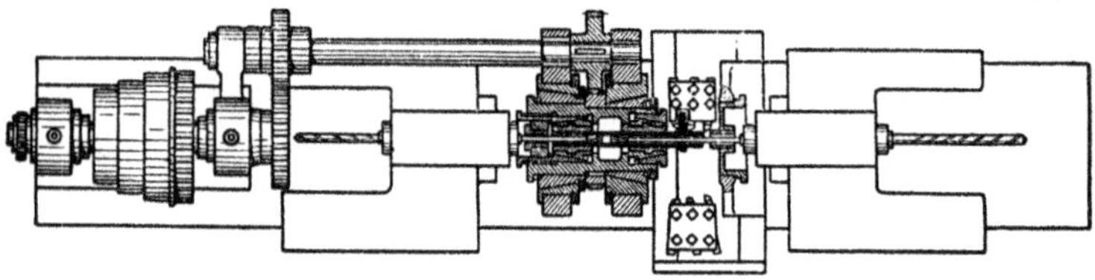

Abb. 68.

bank erfordert auf diese Weise weitaus weniger Zeit und Werkzeugkosten einschließlich Instandhaltung als das Fräsen auf

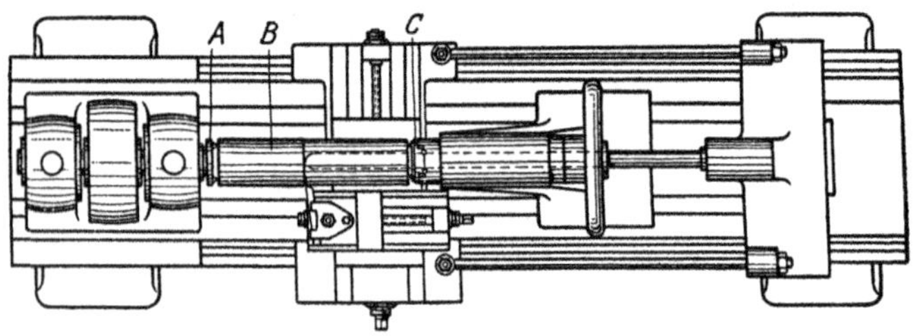

Abb. 69.

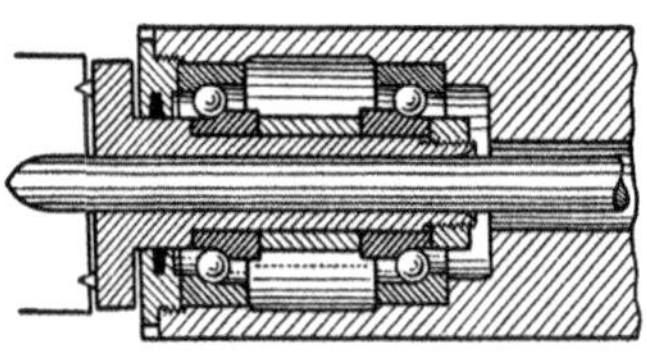

Abb. 70.

der Gewindefräsmaschine. Das Flachgewinde hat 4 mm Steigung. Die Nute ist 1 mm breit und 1 mm tief. Der Walzendurchmesser beträgt 240 mm, die Länge 1020 mm. Das Schneiden erfolgt mittels eines Kammes. Der Gewindekamm ist aus 10 Lamellen in Stärke der Nutbreite unter Beilage von der Steigung entsprechend starken, plangeschliffenen Klötzchen so zusammengesetzt, daß die einzelnen Schneidstähle um je 0,1 mm größeren Abstand von der Achse eingestellt und seitlich gespannt sind. Das Gewinde ist in einem Durchgang fertiggeschnitten bei einer Schnittgeschwindigkeit von 4 m pro Minute. Die Gesamtschnittdauer beträgt 48 Minuten. Das Gewinde ist am Grunde glatt und ohne Rattermale. Ein auf der Gewindefräsmaschine mit 10 Scheiben gleicher Abstufung hergestelltes Gewinde kann nur mit einer durchschnittlichen Umfangsgeschwindigkeit des Werkstückes von 75 mm pro Minute geschnitten werden. Die dafür beanspruchte Zeitdauer ist demnach 2250 Minuten. Das gefräste Gewinde zeigt auf dem Grunde Rattermerkmale, hervorgerufen durch den verhältnismäßig großen Vorschub.

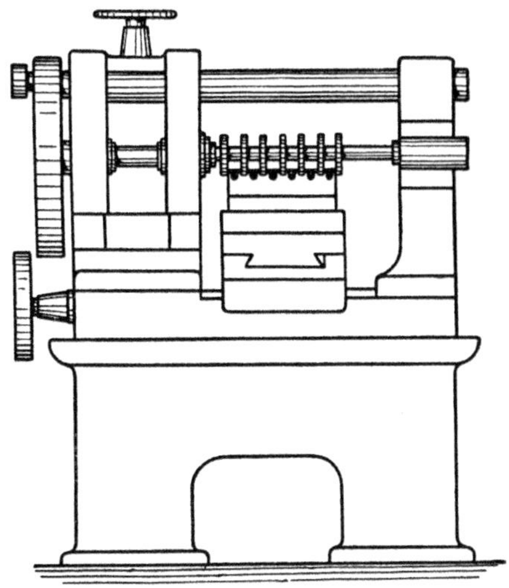

Abb. 71.

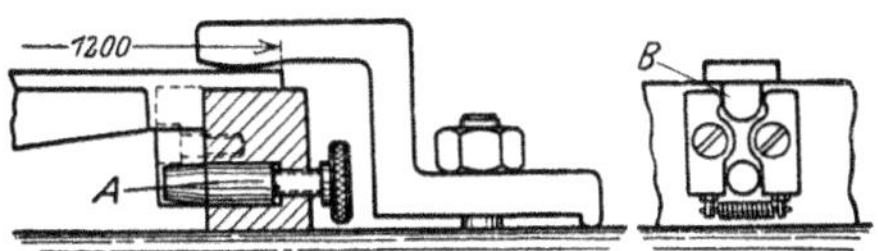

Abb. 72.

Hinzukommt, daß die Instandhaltung des Kammes entschieden weniger Übung bedarf als die Instandhaltung der Sägeblätter.

In Abb. 65 und 66 sehen wir eine Planfräsmaschine, welche umgebaut wurde zum Antrieb eines Vierfachfräsapparates nach dem Abwälzverfahren für Sägezahnwellen. Auch diese Maschine ist für Arbeitsstücke von 750 mm Länge auf dem Markte nicht zu haben.

Die Abb. 67 und 68 zeigen eine Spezialmaschine zum zweiseitigen Bohren von längeren Lagerhülsen.

Anschließend sehen wir (Abb. 69 und 70) eine Spezialholzdrehbank zum gleichzeitigen Bohren und Drehen von Schreibmaschinenwalzen oder Spulenhülsen.

Die Abb. 71 und 72 veranschaulichen das Fräsen von 6 Stück Deckelleisten. Die Deckelleisten sind lose aufgelegt, durch den

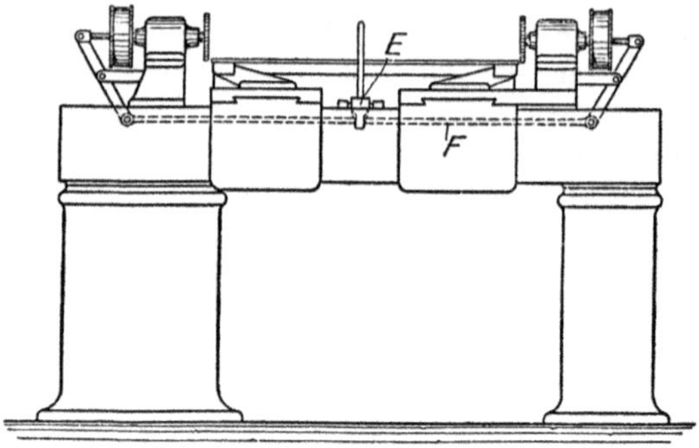

Abb. 73.

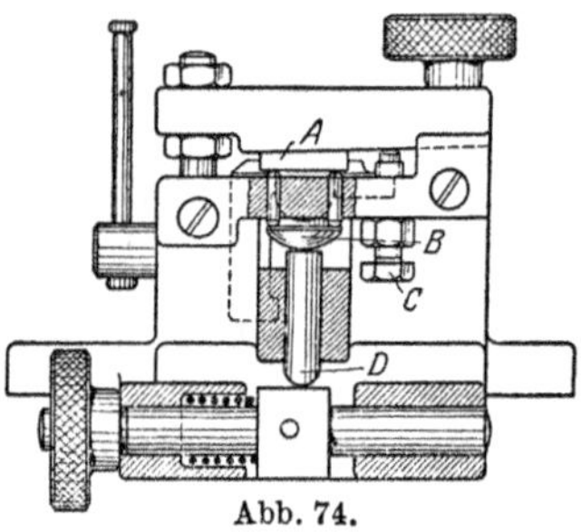

Abb. 74.

ortsfest gelagerten Konus *A* vermittelst der Backen *B* örtlich arretiert, danach durch Spannpratzen gehalten.

Abb. 73 und 74 zeigen eine charakteristische Einrichtung, welche neben der Lohneinsparung auch

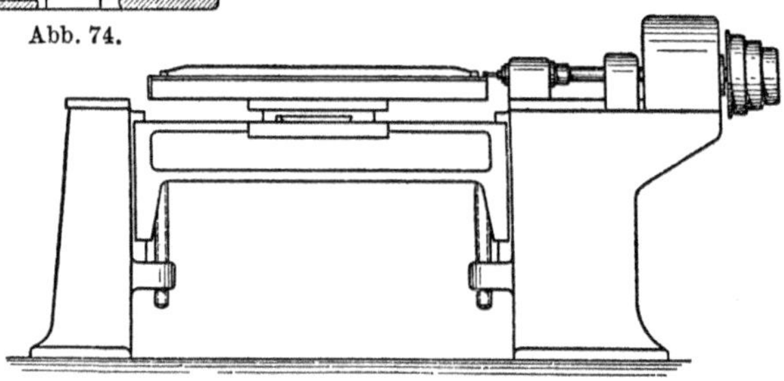

Abb. 75.

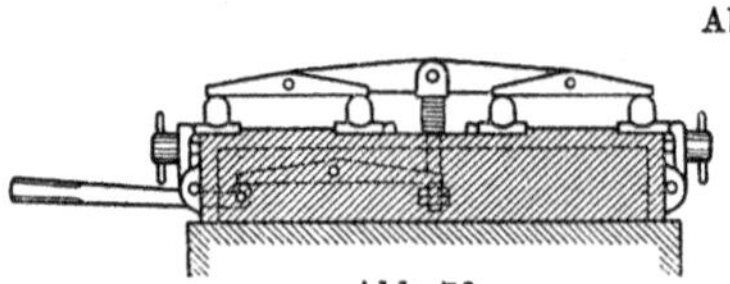

Abb. 76.

ein beiderseits zueinander axial genau abgestimmtes Fabrikat ergibt. Diese Einrichtung, bei welcher die in der Einspannvorrichtung oben liegenden gefrästen Flächen vor der seitlichen Spannung durch Pendelstifte gegen die im Bild umgeklappten Planleisten gedrückt werden, erhält zwei axiale Fräsungen, welche von der ursprünglichen Fräsfläche an jeder Seite zwei Gleitleisten gleicher Breite unberührt lassen. Außerdem ermöglicht die Vorrich-

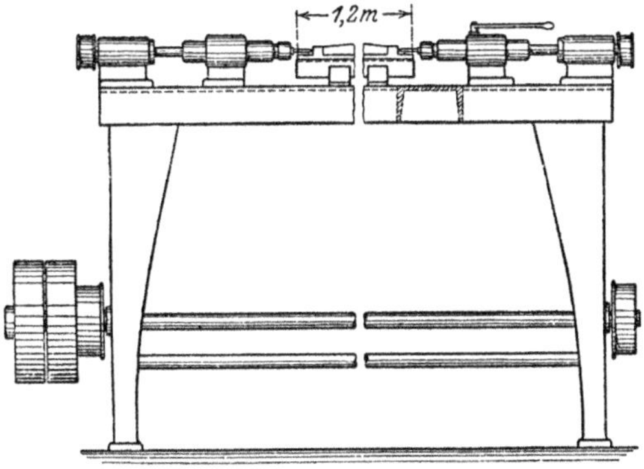

Abb. 77.

tung in der Einstellung der Fräser die Herstellung von zwei geforderten Auslaufnuten durch Querverschiebung des Auslaufsupports.

Aus Abb. 75 und 76 ist zu ersehen, wie eine Horizontalbohrmaschine älterer Konstruktion durch Aufsetzen eines Mehrfachfräskopfes 4 Arbeitsstücke in einem Arbeitsgange zwecks Unterbringung eines Kettengliedes ausfräst.

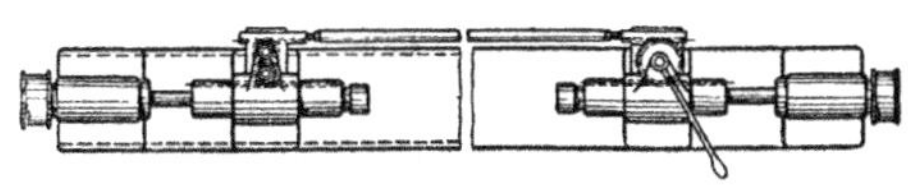

Abb. 78.

Die weiter gezeigte Einrichtung (Abb. 77) gestattet das zweiseitige Bohren der Schraubenlöcher in einem Arbeitsgange,

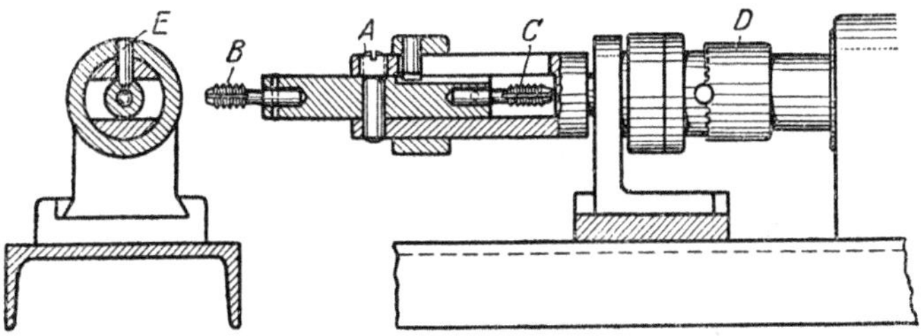

Abb. 79.

die in Abb. 78 und 79 dargestellte das beiderseitige Gewindeschneiden. Beide Maschinen sind unter Verwendung veralteter

Drehbankbetten resp. U-Eisen und Spindelstöcke zu Spezialmaschinen umgearbeitet.

Abb. 80 zeigt eine Spannvorrichtung zum gleichzeitigen Spannen von 16 unbearbeiteten Deckelleisten für den ersten Arbeits-

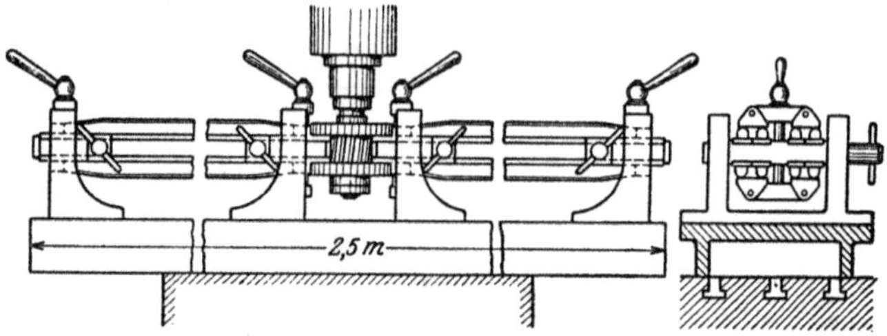

Abb. 80.

gang; Abb. 81 das Entgraten resp. das Ausgleichen der rohen, jedoch genau plangerichteten Ausgangsfläche. Hierbei findet nur ein leichtes Abschleifen von kleinen Erhöhungen, sogenannten Sandschweißstellen, statt.

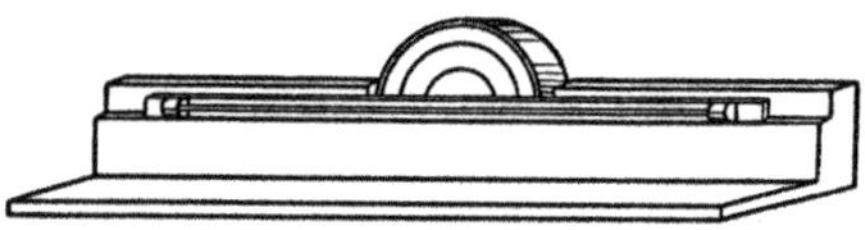

Abb. 81.

Die Anordnung der Topfscheibe ist ebenfalls, wie Abb. 82 zeigt, derart, daß der 90°-Winkel der Achse zur Arbeitsstückführung um zirka $1/2^0$ abweicht, um ein sogenanntes Schmieren der Scheibe zu verhindern. Die Scheibe braucht bis zur vollständigen Abnutzung nicht abgedreht zu werden, da dieselbe durch die gleichbleibende Abnutzung stets planerhalten bleibt.

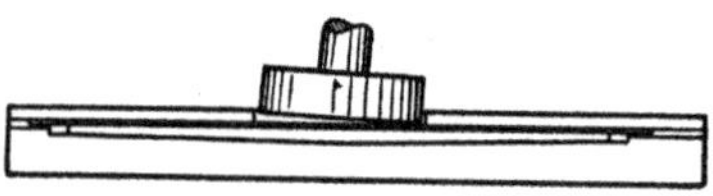

Abb. 82.

Im Anschlusse an das Gesehene sollen noch einige Zeit und Lohn sparende Konstruktionselemente veranschaulicht werden, die zeigen, welche Vereinfachungen auf diesem Gebiete noch möglich sind, ohne daß die Funktion der Maschine eine Einbuße erleidet. Solche Einsparungen sind auf jenen Gebieten des Maschinenbaues, bei welchen sich die Einzelbauteile zu mehreren Hunderten an einer Maschine wiederholen, mitunter allein ausschlaggebend für die Konkurrenzfähigkeit des Fabrikates. Es sollte mehr als bisher üblich die Aufgabe des Konstrukteurs sein, die fertighergestellte und eingeführte Maschine dauernd auf solche Verbilligungsmöglichkeiten zu untersuchen. Die fortschreitende Technik gibt uns stets neue Mittel an Hand, Verbilligungen ohne Beeinträchtigung der Zweckbestimmung der Teile durchzuführen. Wer diese Mittel zur Anwendung bringt, marschiert im Konkurrenzkampf erfolgreich an der Spitze, besonders dann, wenn eine einschneidende Verbilligung unter Schutz gestellt werden kann. Es ginge über den Rahmen dieser Darlegungen hinaus, mit den bei den angeführten Beispielen tatsächlich erreichbaren Einsparungen an Lohn und Material zu dienen; betont sei jedoch, daß diese beträchtlich und von großem Einfluß auf die Preisbildung sind.

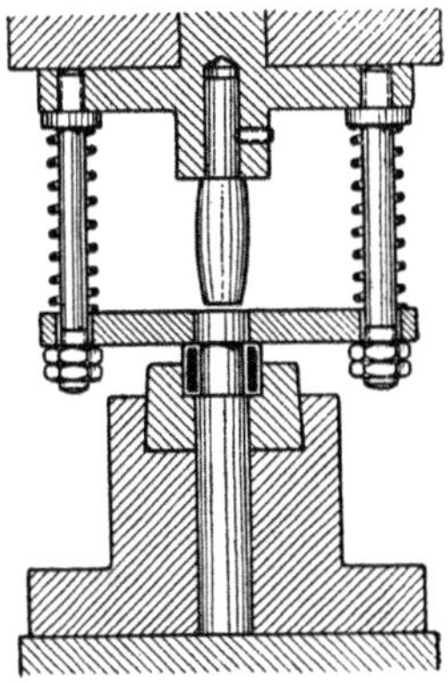
Abb. 83.

Das Kalibrieren von kleinen Bohrungen in Blech, ebenso kleiner Hebel, Stellringe und Naben, geschieht vorteilhaft mittels eines balligen Dornes (Abb. 83); das Teil steht unter dem Druck des Stößels, während ein maßhaltiger polierter Dorn durch die leicht eingefettete Bohrung hindurchtritt. Bei Kettengliedern beispielsweise besteht die Forderung: gleiche Bohrungen, gleiche Mittenentfernung. Ein Doppelstempel, wie oben beschrieben, wird durch die enger gehaltene Bohrung durchgepreßt, kalibriert die Bohrungen und hebt jede Differenz der Mittenentfernung durch Strecken oder Stauchen auf. Nach demselben Verfahren können kleine Preßteile, welche vorher zu beizen sind, nachgeprägt werden. Die Kontrolle beschränkt sich in solchen Fällen auf die Werkzeuge, indem nur Stichproben dem Fabrikat entnommen werden.

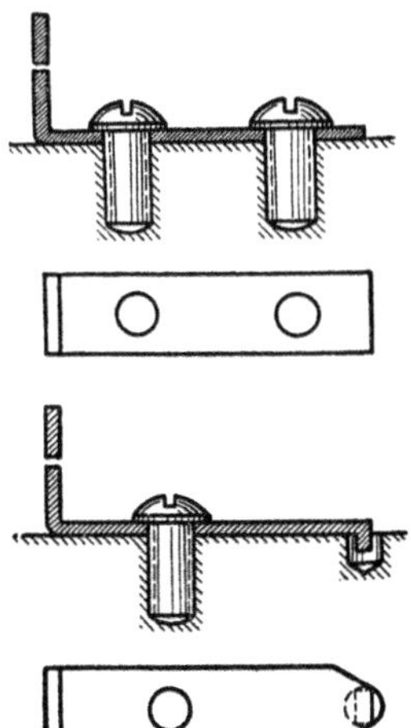
Abb. 84.

Abb. 84 zeigt ein Maschinenbauteil in zwei verschiedenen Ausführungen, welche den gleichen Zweck erfüllen. Es handelt sich um einen Winkel, welcher, wie die obenstehende Skizze zeigt, bisher mit 2 Schrauben befestigt wurde. Die untere Skizze zeigt die Ausführung mit einer Schraube mit angebogener Nase zur Arretierung gegen Verdrehung. Ein weiteres Beispiel ist eine Fadenführerklappe an Spinnereimaschinen (Abb. 85), welche ebenfalls mit einer Schraube zur Befestigung ausgerüstet ist; gegen Verdrehung kann dieselbe durch Falz oder Umlegen der Kante gesichert werden. Dadurch wird ein Loch im Winkel, ferner eine Schraube und einmal Gewindeschneiden erspart.

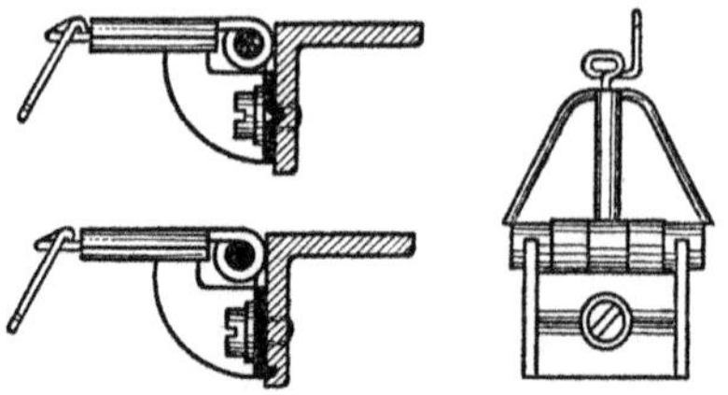

Abb. 85.

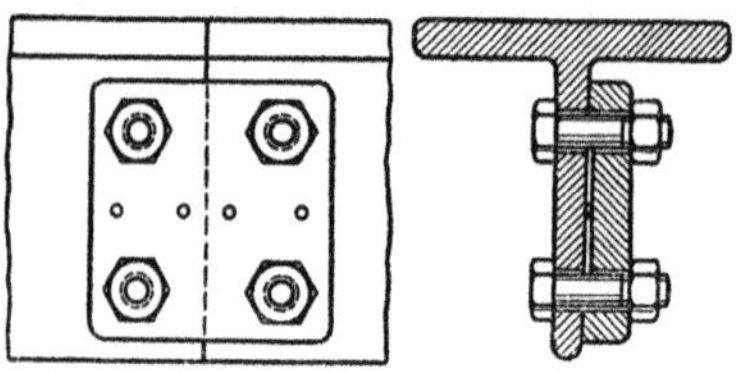

Abb. 86.

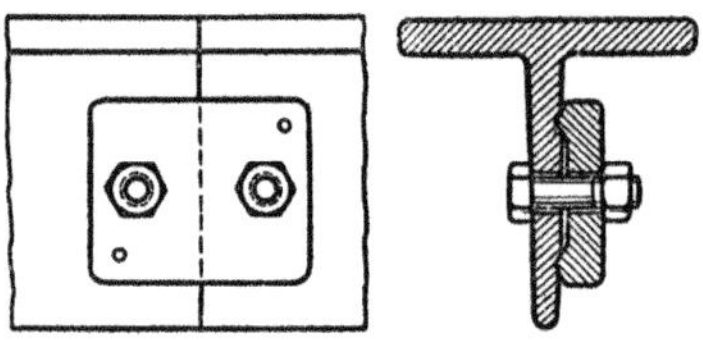

Abb. 87.

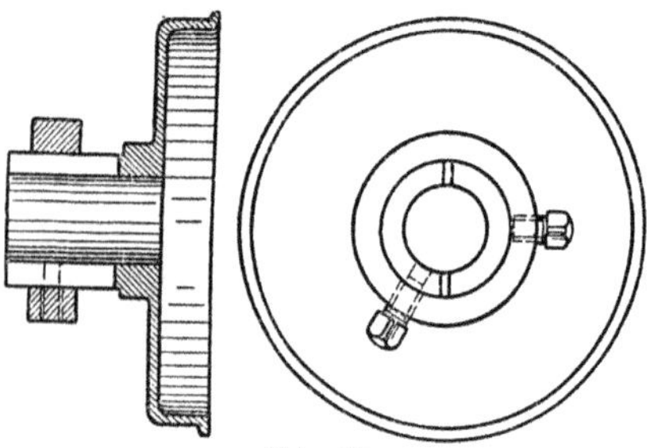

Abb. 88.

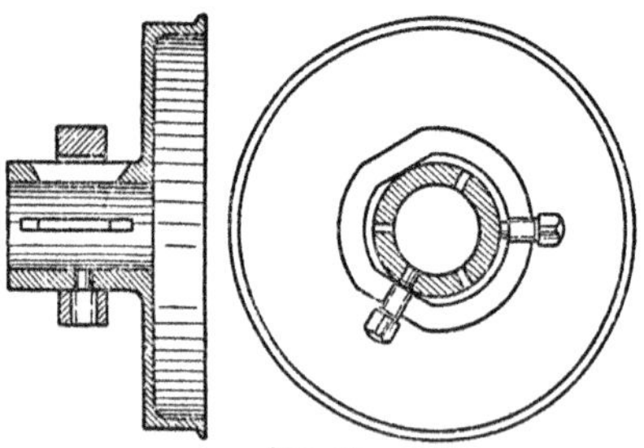

Abb. 89.

In den Abb. 86 und 87 sehen wir die Verbindung zweier Langbauteile mittels Lasche dargestellt. Nach der einen Ausführung muß die Lasche, um die Langbauteile vor Verschiebung zu sichern, mindestens zwei Schraubenverbindungen und vier Prisonstifte erhalten. Die Auflageflächen für die Laschen müssen bearbeitet sein. Die zweite Ausführung ist eine entschieden billigere und solidere Lösung. Zwei winkelförmige Nuten sind parallel eingefräst oder gehobelt; die Lasche nur an den Leisten, passend zu den winkelförmigen Nuten, gefräst und nur durch zwei Schrauben befestigt.

Wir sehen weiter (Abb. 88 und 89) einen Trommelboden, welcher in der ersten Ausführung durch Klemmringe eine geschlitzte Nabe zusammenzieht; dabei ist ein genaues Zentrieren bei ungleichen Querschnitten der geschlitzten Nabenhälften ausgeschlossen. Die zweite Ausführung zeigt eine Lösung, nach der die Nabe dreimal geschlitzt durch einen Stellring zusammengezogen wird. Der zentrische Lauf ist dadurch gesichert, daß die Bohrung im vorderen und hinteren Teil der Nabe gebunden bleibt und nur die Federung der stehengebliebenen Lamellen zum Klemmen beansprucht wird.

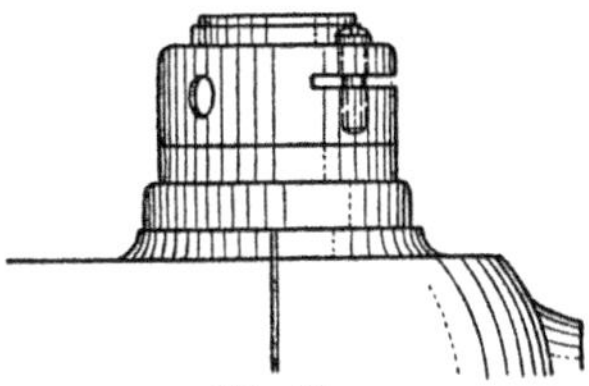

Abb. 90.

Abb. 90 zeigt eine Rundmutter, welche bis zur Hälfte in zwei Teile zerlegt ist, wovon das hintere Teil durch eine Schraube beliebig gegen das vordere abgebremst werden kann.

Abb. 91.

Anschließend sehen wir (Abb. 91) eine solide Befestigung von Wellen dünnerer Abmessungen, welche auch in der Massenfabrikation keine Schwierigkeiten in der Herstellung bietet. In der zylindrischen Bohrung sind mittels Dreikantdornen drei symmetrische Nuten eingestoßen. Die Außenperipherie der Dreikantzapfen wirkt als drei gleich beanspruchte Nuten; die Zentrierung der zu verbindenden Teile findet durch das vordere Teil der erweiterten Bohrung statt.

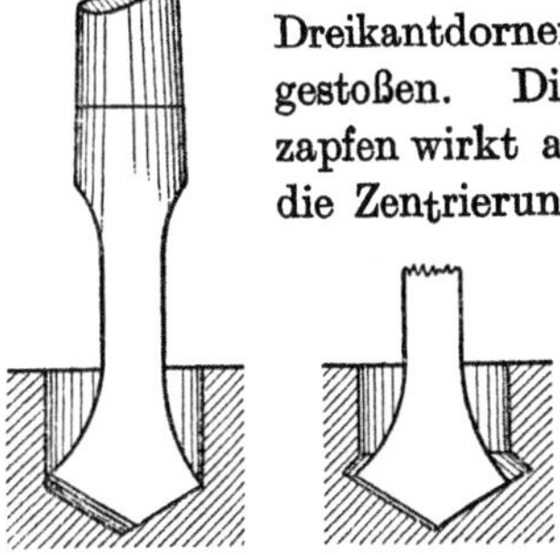

Abb. 92.

Abb. 93.

In Abb. 92 ist dargestellt, wie ein Bohrer mit exzentrischen Schneidlippen in einem vorgebohrten Loche zwangsläufig eine

Unterstechung hervorruft. Der hineingeschlagene Kupferniet füllt den unten erweiterten Raum aus. Dieses Verfahren hat sich, wie Abb. 93 zeigt, besonders gut beim Annieten von Firmenschildern, Leistungsschildern, Gewindetabellen an Maschinen usw. bewährt.

Die Abb. 94 und 95 veranschaulichen dasselbe Verfahren, jedoch für höhere Beanspruchung: Hängeösen, Gewichte usw.

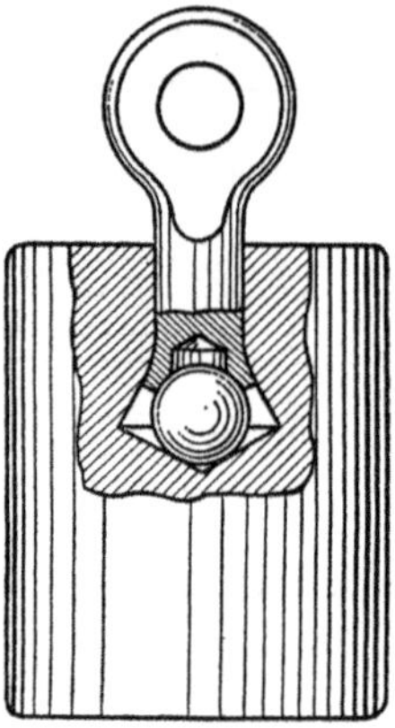

Abb. 94.

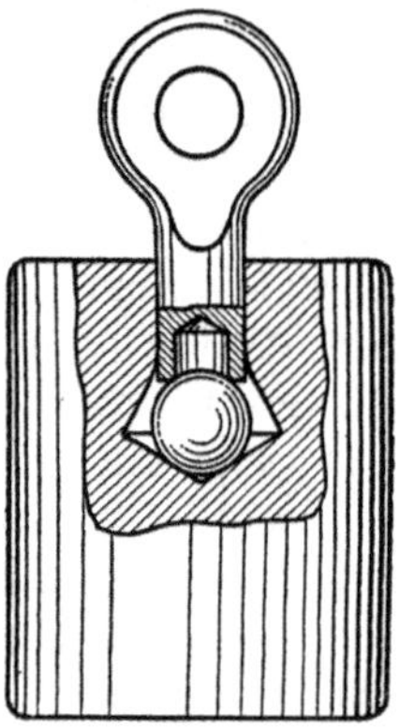

Abb. 95.

Hierbei wird der einzutreibende Bolzen etwas hohl gebohrt; dann wird vor dem Einschlagen auf den Boden ein Kegel- oder Kugelstück in die Bohrung hineingebracht, wodurch der Bolzen an die Wandung der erweiterten Bohrung gepreßt wird.

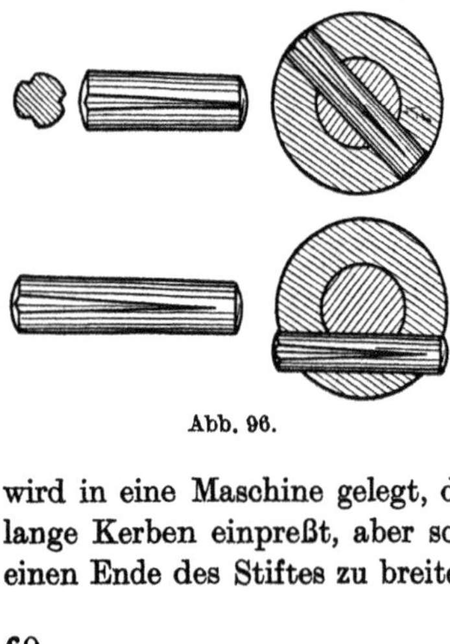

Abb. 96.

Nun sehen wir (Abb. 96) den „Kerbstift“, durch D.R.P. und Auslandspatente geschützt, ein neues Maschinenelement, vertrieben durch die Kerb-Konus G. m. b. H., Dresden.

Man denke sich einen zylindrischen Stift, z. B. aus Stahl. Er wird in eine Maschine gelegt, die ihm in der Längsrichtung drei lange Kerben einpreßt, aber so, daß alle drei Kerben nach dem einen Ende des Stiftes zu breiter und tiefer werden. Da das Einkerben durch Pressen geschieht, und nicht etwa durch Ausfräsen, so wird kein Material weggenommen, sondern das Material wird nur beiseitegedrückt. Der Stift verliert seine rein zylindrische Form, er wird dort, wo die Kerben entlang laufen, etwas dicker, und am dicksten natürlich an dem Ende, wo die Kerben am tiefsten und breitesten sind. Mit andern Worten: die Kerbung macht aus dem zylindrischen Stift einen ganz schwach konischen Stift. Nun sind ja konische Stifte längst bekannt, aber ebenso bekannt ist es, daß ihre Herstellung teuer ist und daß die konische Aufreibung eines Loches viel Geschick und Zeit erfordert. Der neue Kerbstift besitzt aber infolge seiner Herstellungsweise eine gewisse Elastizität. Genau so, wie erst durch die Einkerbung das Material verdrängt wurde und den Stift verdickte, werden beim Einschlagen des Stiftes — natürlich mit dem dünnen, nicht gekerbten Ende voran — in ein zylindrisches Loch die Kerben wieder etwas zusammengedrückt. Eine starke innere Materialspannung stellt eine sehr feste, auf Reibung beruhende Verbindung her, die man am besten mit der eines Nagels in Holz vergleichen kann. Die Bedeutung des Kerbstiftes liegt also darin, daß er selbst billiger herzustellen ist als ein konischer Stift, daß die Bohrung ebenfalls mit einem gewöhnlichen Spiralbohrer zylindrisch hergestellt wird, und daß das Eintreiben leicht mit einigen Hammerschlägen erfolgt.

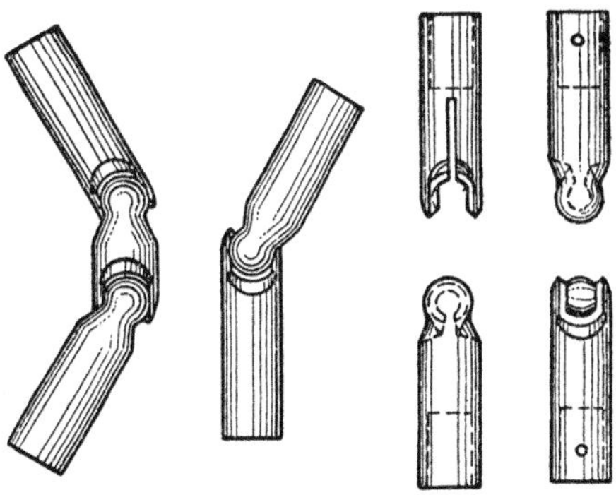

Abb. 97.

Abb. 97 ist die Darstellung eines Kugelgelenkes — D.R.P. und mehrere Auslandspatente — welches bei kleinen Abmessungen unter 10 mm aus nur 2 Bauteilen besteht, wovon das eine als Kugelstück aus dem Vollen gefräst, das andere als Pfannenstück ebenfalls aus dem Vollen gefräst hergestellt ist. Das Gelenk besitzt also keinerlei Innenbauteile, kann daher bis herunter zu den kleinsten Abmessungen gebaut werden. Bei größeren Abmessungen, etwa über 12 mm, besteht das Kugelgelenk aus 3 Teilen, indem quer durch den federnden Teil eine Befestigungsschraube hindurchgesetzt wird, welche ein Aufgabeln bei Überbeanspruchung des Gelenkes verhindert und zu gleicher Zeit als Regulierschraube für die radialen Flanken dient. Die Größenabmessungen nach oben sind unbegrenzt; bisher wurden Gelenke bis zu 80 mm Durchmesser angefertigt, die sich bei schweren Kraftübertragungen als Kardangelenk vorzüglich bewährten.

Der Ablenkungswinkel ist normal und läßt sich durch den Einbau eines Doppelpfannenstückes verdoppeln.

Ein Vorzug des Gelenkes ist, daß bei der Einfachheit der Bauteile der Austausch eines defekt gewordenen Schenkels ohne Mühe vorgenommen werden kann. Die anliegenden Flanken sind kräftig dimensioniert und rollen während der Beanspruchung aneinander ab. Eine etwa erforderliche Dauerschmierung läßt sich ohne weiteres im Hohlkörper anbringen, indem die Kugel bis an die beanspruchten Stellen hohl gebohrt wird.

Ein weiterer Vorzug ist, daß Kugel und Pfanne an beliebig langen Stäben oder Wellen direkt angefräst werden können, so daß ein besonderes Einsetzen von kürzeren Kugelgelenken bei stark beanspruchten Wellen — wie bisher üblich — nicht mehr erforderlich ist.

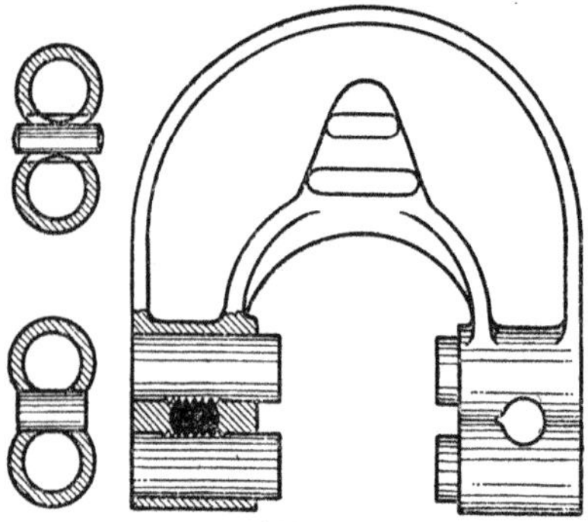
Abb. 98.

Sehr zu empfehlen ist die in jedem Betrieb herzustellende Rachenlehre (Abb. 98), geschützt durch D.R.P. und Auslandspatente.

Neben dem in jedem modernen Betrieb des Maschinen- und Apparatebaues erforderlichen Rachenlehrenpark für die verschiedenen Passungen sind zur maßhaltigen Vorarbeit, zum Vordrehen auf Schleifmaße usw., Rachenlehren der verschiedensten Durchmesser notwendig. Diese Maße sind veränderlich und auf Erfahrungsmaßen aufgebaut. Die Herstellung erfolgt in den meisten Fällen unter hohem Aufwand von Zeit und Lohn handwerksmäßig, entweder aus Blech oder mit geschmiedetem Bügel usw. in den verschiedensten Formen. Für Längenlehren fehlte bisher überhaupt eine feste Regel. Diese wurden als Stablehren, Blechplatten oder Schiebelehren ebenfalls handwerksmäßig hergestellt. Eine feste Norm gab es in beiden Fällen nicht.

Die Genauigkeitsgrenze für Lehren, welche bei Vorarbeiten Anwendung finden, liegt bei Millimetermaßen in der zweiten Stelle hinter dem Komma, wie sich aus der üblichen groben Toleranz für solche Fälle ergibt.

Soll der moderne Betrieb rasch greifbar irgendein Lehrenmaß beliebiger Toleranz eines beliebigen Nenndurchmessers haben, so müssen die zu einer solchen Lehre benötigten Bauteile genormt resp. auswechselbar hergestellt sein, und die Einzelteile greifbar auf Lager liegen. Dieser Forderung wird — sowohl für Rachenlehren wie für Längenlehren und Gegenlehren — die hier dargestellte Rachenlehre gerecht, welche in Einzelbauteilen zur Selbstherstellung vertrieben wird.

Die Bügel mit je 2 Parallelbogen sind in Abstufungen für den Meßbereich bis 50 mm von 10 mm, für den Meßbereich von 50 bis 100 mm von 15 mm, für den Meßbereich darüber bis 25 mm hergestellt. Die zylindrischen Meßbolzen für den Meßbereich bis 50 mm und darüber sind in 2 Durchmessern vorrätig zu halten, ebenso die linsenförmigen Kupferplomben. Die austauschbar hergestellten Teile liegen in der Werkzeugmacherei. Auf Anforderung eines Nennmaßes, z. B. 71 + 0,1, wird der entsprechende Bügel — 80 mm Maulweite — dazu 4 Meßbolzen und 2 Plomben dem Lager entnommen, die Meßbolzen auf Meßklötze eingestellt und dann durch die Plombe arretiert. Nach Gebrauch, ebenso bei Maßänderungen, wird die Plombe an einer Seite durchgedrückt, zwei parallele Bolzen auf das neue Maß eingestellt und durch neue Plombe arretiert. Der Lehrenpark wird dadurch auf einen geringen Bestand herabgedrückt und die Meßbereitschaft irgendeines Maßes nach Wahl in wenigen Minuten hergestellt. Die Arbeit braucht nicht durch Fachleute getätigt zu werden.

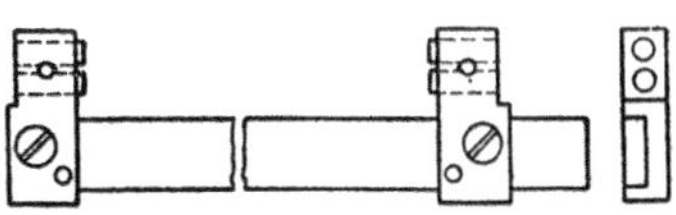

Abb. 99.

Längenlehren für Maße über 100 mm nach diesem Verfahren bestehen, wie Abb. 99 zeigt, aus blank gezogenen Flachstäben in Abständen von 50 mm Länge mit aufklemmbaren Schenkeln, welch letztere mit 2 Parallelbohrungen zur Aufnahme der Meßbolzen versehen sind. Die Meßbereitschaft eines beliebigen Längenmaßes wird wie bei den Rachenlehren in wenigen Minuten hergestellt. Sämtliche Bauteile sind austauschbar und die Meßbolzen an den Stirnflächen bei eventuellem Verschleiß ohne besondere Einrichtungen nachschleifbar.

Es ist zu empfehlen, Längenlehren für Maße unter 100 mm und Gegenlehren dazu entsprechend den beiden Abb. 100 und 101 auszuführen und im übrigen wie die bereits gezeigten Rachenlehren (Abb. 98) zu behandeln.

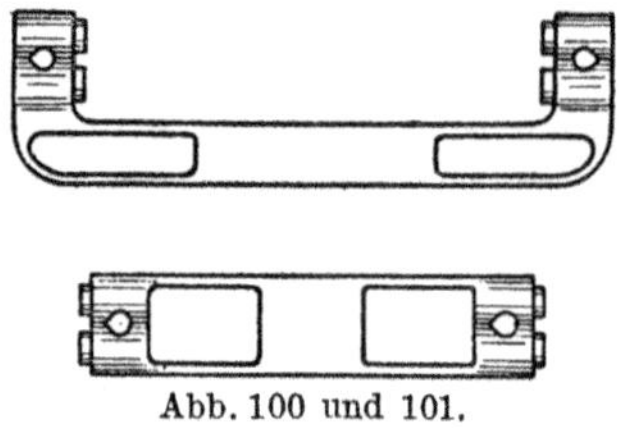

Abb. 100 und 101.

Die Einführung der Selbstherstellung von Rachenlehren und Längenlehren nach diesem Verfahren bedeutet eine große Entlastung für die Werkzeugmacherei.

Abb. 102 stellt ebenso wie die Abb. 103 und 104 eine durch D.R.P. geschützte Fräserbefestigung dar.

Die Fräserbefestigung an Vertikal- und Horizontalfräsmaschinen ist unter Anlehnung an die Schweizer Norm genormt. Die unverkennbaren Vorteile kommen zunächst nur den Werkzeugmaschinenfabrikanten und den Neubeziehern zugute. Hierbei ist noch immer ein Übelstand mit in Kauf zu nehmen, der darin besteht, daß die Bedienung nur hinten an der Maschine oder bei vertikalen Fräsmaschinen durch Besteigen der Maschine von oben geschehen kann. Der Betriebsfachmann weiß, wie umständlich und mit welchen Gefahren verbunden das Befestigen und Lösen der Werkzeuge auf diese Art ist. Auch sind bei den wenigsten älteren Maschinen und Werkzeugen die Vorbedingungen zum vorteilhaften Umbau auf diese Norm gegeben. Um nun für ältere Maschinen und Werkzeuge während der Übergangszeit eine Norm zu schaffen, entstand die vorgeführte Fräserbefestigung.

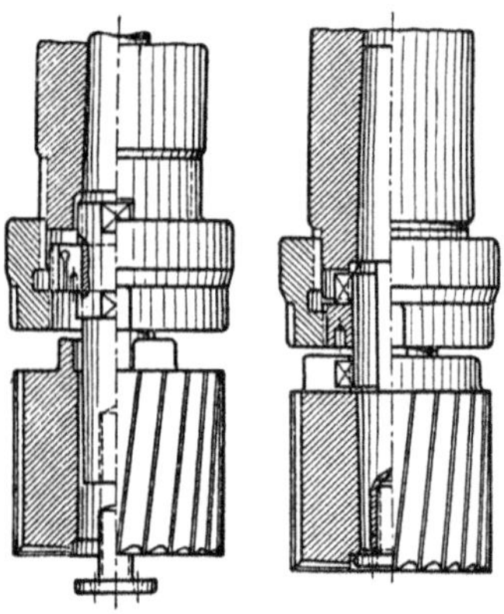

Abb. 102.

Dieselbe besteht aus einem Doppelmorsekonus, einer Überwurfmutter, einem Gewindering, einem federnden Keil und einer Bundschraube. Der Doppelkonus erhält in der Mitte ein zylindrisches Stück mit einer flachen Keilnute, ferner um 90° gegen die Keilnute versetzt je zwei Paar einander gegenüberliegende Keilnasen. Die Überwurfmutter ist mit einem Feingewinde und einem Grobgewinde versehen und hat auf ihrem äußeren Umfang 4 Aussparungen zum Anziehen mittels Konusschlüssels. Der Gewindering erhält auf seinem äußeren Umfange dasselbe Feingewinde, wie es die Überwurfmutter aufweist. Auf dem Innendurchmesser, der etwas größer als der zylindrische Teil des Doppelkonus sein muß, sitzen zwei Aussparungen, welche über die vorher erwähnten Keil-

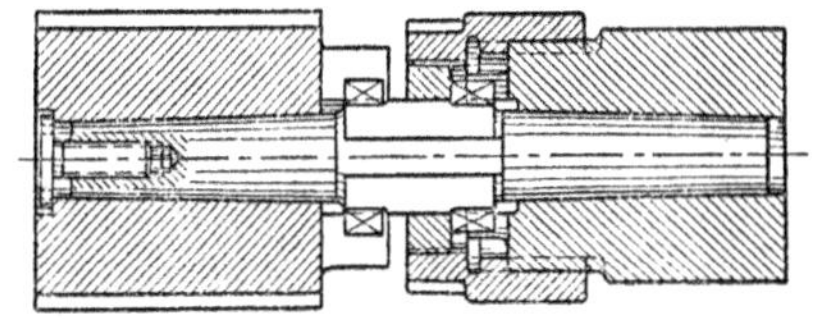

Abb. 103.

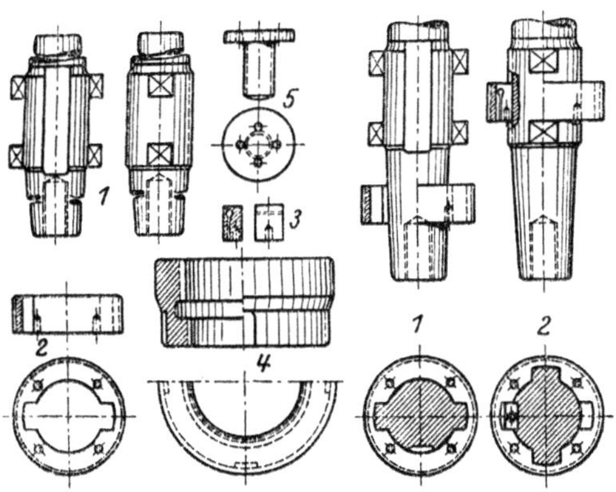

Abb. 104.

nasenpaare passen; ferner erhält er 4 Löcher zum Anziehen mittels Steckschlüssels. Der Keil ist durch einen Schlitz federnd gemacht und hat außerdem eine kleine Gewindebohrung, welche dazu dient, ihn mittels entsprechender Vorrichtung herausziehen zu können.

Die Montage der Fräserbefestigung geht folgendermaßen vor sich:

Der Doppelkonus wird mit dem längeren Konus in die Fräserspindel hineingeschoben, darauf wird die Überwurfmutter, in die die Ringmutter schon hineingeschraubt ist, über den Konus geschoben und teilweise angezogen. Nachdem man eine Aussparung im Gewindering und die flache Keilnute des Doppelkonus in eine Lage gebracht hat, wird der federnde Keil eingesetzt und die Überwurfmutter fest angezogen, bis sie mit ihrer Oberkante mit der Ringmutter fluchtet. Durch das doppelte Gewinde in der Überwurfmutter wird erreicht, daß der Gewindering, der auf dem zweiten Keilnasenpaar fest aufliegt, in die Fräserspindel fest hineingezogen wird. Da aber dieses Keilnasenpaar gleichzeitig in einer am Kopfende der Fräserspindel vorgesehenen Nut liegt, so ist jetzt der Doppelkonus sowohl gegen ein Verdrehen wie auch gegen ein Herausrutschen aus der Fräserspindel gesichert. Es ist nunmehr die Möglichkeit gegeben, auf den frei herausstehenden Konus die verschiedenen Werkzeuge, wie Fräser und Messerköpfe, mittels der Bundschraube zu befestigen, wobei die Werkzeuge durch das erste Keilnasenpaar, das in eine entsprechende Nute des Werkzeuges greift, gleichzeitig am Drehen auf dem Konus verhindert werden. Irgendeine weitere Befestigung mittels einer durch die Hohlspindel reichenden Spannschraube ist vollkommen überflüssig, da die ganze Fräserbefestigung und mit ihr das Werkzeug an der Spindel derart festsitzt, daß jedes Abrutschen oder Verdrehen unmöglich gemacht ist.

Die Fräserdemontage geht derart vor sich, daß zuerst die Kopfschraube gelöst wird, dann erfolgt durch Zurückschrauben der Überwurfmutter ein Abdrücken des Fräsers, bevor der Doppelkonus im Spindelkopf zum Lösen kommt. Die Mutter kann nun wieder festgeschraubt und ein anderes Werkzeug aufgesetzt werden. Bei der vorgeschriebenen Bauart besteht aber außerdem die Möglichkeit, daß auch der Doppelkonus durch weiteres Abdrehen der Überwurfmutter aus dem Spindelkopf gelöst wird, und zwar, sobald der Gewindering, nachdem er nach dem Herausnehmen des Keils um etwa 90° gedreht wurde, gegen das erste Keilnasenpaar gestoßen ist:

Die Vorteile dieser Fräserbefestigung sind kurz zusammengefaßt folgende:

1. Anwendungsmöglichkeit bei der Mehrzahl der vorhandenen in Betrieb befindlichen Maschinen;

2. absolut sichere Mitnahme für den Fräsdorn und Messerkopf;

3. vollkommen sichere Zentrierung infolge des langen Kegels;

4. wenige Bauteile;

5. normale Bearbeitung;

6. Bedienung am Kopf der Maschine, kein Besteigen der Maschine bei größeren Ausführungen erforderlich, kein Anziehen von der Rückseite der Maschine;

7. leichte Lösung des Fräsers durch die als Abdrückmutter dienende Überwurfmutter;

8. leichte Lösung des Fräsdornes durch dieselbe Abdrückmutter;

9. Austauscharbeit des Fräsdornes;

10. Fortfall der Durchbohrung in der Spindel und der Ausstoßvorrichtung;

11. Weiterverwendbarkeit der bisher gebräuchlichen Werkzeuge — Fräsdorn und Schaftfräser — bis zur Unbrauchbarkeit.

Endlich sehen wir noch (Abb. 105, 106 und 107) einen Ratschenschlüssel. Die beiden ersten Abbildungen zeigen die gebräuchlichsten Ausführungsarten, die letztere einen nach rechts und

Abb. 105.

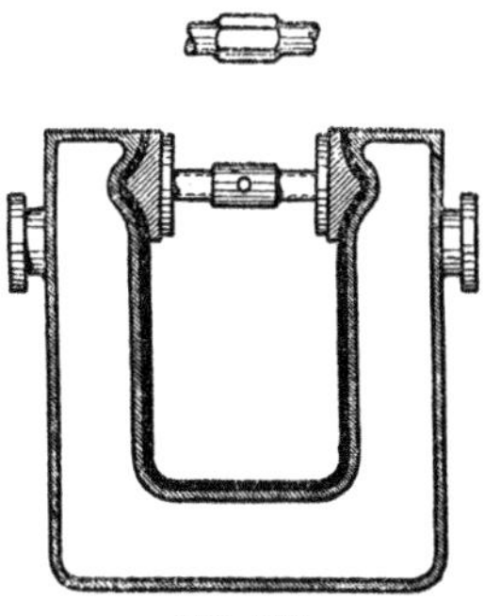

Abb. 106.

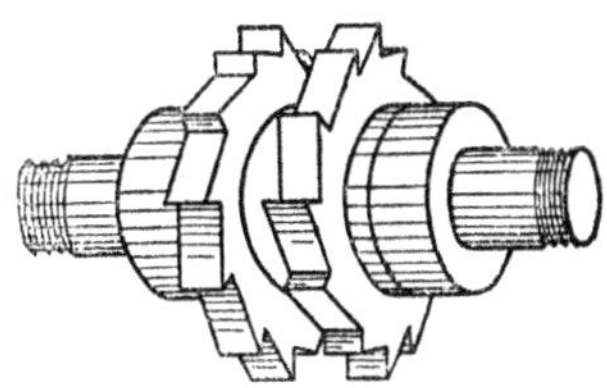

Abb. 107.

links wirkenden Gabelschlüssel, welcher auf einer Seite eine Sperrnase trägt, um je nach Bedarf in das rechts oder links geschnittene Sperrad einzugreifen. Die Zähne müssen ebenso wie die Sperrnase etwas unterschnitten sein, um ein Abrutschen zu vermeiden.

Ein weiteres Kapitel, das noch intensiverer Bearbeitung als bisher bedarf, betrifft die Formgebung von Gebrauchsgegenständen des täglichen Bedarfes. Was auf diesem Gebiete an Zeit und Geld verschwendet wird, übersteigt alle Begriffe.

Betrachten wir als Beispiel einen gewöhnlichen Wasserzapfhahn, wie er in jeder Küche zu sehen ist. Von ein und derselben Durchlaßgröße existieren auf dem Markte gegen hundert verschiedene Ausführungen. Nur ein kleiner Kreis von Kunden ist in bezug auf Ausführungsart und Form unter einen Hut zu bringen. Jede der bestehenden Armaturenfirmen behauptet natürlich, die einzig richtige Ausführungsart zu fabrizieren. Da nun der Anteil der Löhne im Armaturenbau nur einen geringen Bruchteil des Verkaufswertes ausmacht, so ist es notwendig, bei der Formgebung alleräußerste Rücksicht auf die Bearbeitungsmöglichkeit zu nehmen, denn die Konkurrenzfähigkeit steht und fällt bei diesem Durchlaßhahn mit der geringen Schwankung von etwa 1 Pfennig per Stück.

Da wir einmal bei diesem Durchlaßhahn sind, so betrachten wir noch das sofort in die Augen springende obere Teil, den Knebel. Der Knebel besteht in den weitaus meisten Fällen aus zwei kegeligen, scharf abgedrehten, in einer Kugel mündenden Zapfen, hat also erstens eine für die Bedienung denkbar schlechte Form und ist zweitens nur mit überflüssigem Bearbeitungsaufwand herzustellen. Dieses Teil läßt sich als Preßteil deshalb nicht herstellen, weil die Nacharbeit noch erheblich höheren Zeitaufwand erfordern würde, als die Herstellung aus dem Vollen auf Automaten. Aber auch auf Automaten hergestellt, also von der Stange gedreht, ergibt eine Verspanung von zirka 20 vH. Nüchterne Überlegungen führen dazu, daß man die Formgebung zweckdienlicher wählt und hierbei Rücksicht auf die Einsparung von Bearbeitungskosten nimmt. Ein einfaches flaches Querstück mit Nabe, sauber abgerundet als Preßstück hergestellt, würde sich billiger und trotzdem praktischer erweisen.

Der Käufer lehnt in Unkenntnis dieser Dinge solche Formen ab. Hier muß also die Propaganda zur Erziehung des Käufers einsetzen.

Als ein weiteres Beispiel diene, daß in einer bekannten Nähmaschinenfabrik zur Befriedigung der Kundenwünsche an 4 Typen neben den üblichen Sonderausrüstungen gegen 150 verschiedene Lackierungen erforderlich waren. Aufklärungsarbeit über die Vertreter beim Käuferpublikum ließ eine erhebliche Vereinheitlichung zu.

Es gilt also für solche Waren, die seit Jahren in einer bestimmten Form fabriziert werden, den Weg zu beschreiten, den Käufer zu erziehen, wohingegen der Fabrikant einer auf dem Markte verlangten Neuerung von vorneherein gleichsam Diktator für Formgebung und Verkaufspreis ist und deshalb auf diese Dinge keine Rücksicht zu nehmen braucht.

Die beiden angeführten Beispiele sollen nur zeigen, welch ausschlaggebende Bedeutung die technische Auffassung des Leiters der Verkaufsabteilung für die wirtschaftliche Massenfabrikation hat. Erforderlich ist also Aufklärungsarbeit innerhalb Betriebsleitung und Verkauf, danach Erziehung des Käufers.

Es ist eine bekannte Tatsache, daß die Behörden — Post-, Eisenbahn- und Militärbehörde — die größten Ansprüche in bezug auf Formgebung und Qualitätsarbeit stellen. In den weitaus meisten Fällen haben die Lieferungen nach Vorschriften zu erfolgen, die auf Grund jahrelanger Prüfung entstanden sind; es handelt sich also um Waren, die allen zur Zeit der Lieferung geltenden Ansprüchen in technischer Hinsicht genügen. Mit der Ausarbeitung dieser Bestimmungen und Vorschriften sind geschulte Spezialisten betraut. Es läge nichts näher, als sich auch für die Artikel des täglichen Bedarfes den auf diese Weise festgelegten Formen und Ausführungsarten anzupassen.

Zum besseren Verständnis sei hier ein eklatantes Beispiel angeführt:

Die Lastwagen der Reichswehr, die Kraftomnibusse der Post sind z. B. in der Ausführung einheitlichen Vorschriften unterworfen. Die Einzelteile sind zweckentsprechend durchkonstruiert, ausprobiert und austauschbar gestaltet. Was läge näher, als daß sich die verschiedenen Stadtverwaltungen und Verkehrsgesellschaften bei der Bestellung von Verkehrsomnibussen an diese Vorschriften halten würden? Dem ist aber nicht so. Auch hier kommen Sonderwünsche zutage, die weder ausprobiert sind, noch für die Beteiligten ein befriedigendes Geschäft erhoffen lassen.

Es soll nicht unterlassen werden, in diesem Zusammenhange auf die großen Vorteile hinzuweisen, die darin lägen, wenn eine Vereinheitlichung der Achsen im Lastwagenbau, eine Vereinheitlichung der Motor- und Getriebekästen usw. durchgeführt werden würde. Ähnliche Vereinheitlichungsmöglichkeiten finden sich auf jedem Gebiet der Maschinenfabrikation in großer Zahl. Es scheint jedoch, daß wir in der gesamten Industrie erst noch tiefere Wege gehen müssen, ehe sich der Gedanke des Zusammenschlusses aller

Interessenten gegenüber der mächtigen amerikanischen Konkurrenz durchsetzt.

Unerschöpflich ist die Materie: Verbesserungen und Vereinfachungen der Arbeits- und Bearbeitungsmethoden, mit deren Durcharbeit es gelingt, ohne zunächst das Äußerste an Arbeitsleistung aus dem Arbeiter herauszuholen, ein lohnendes marktfähiges Fabrikat herzustellen. Aus meiner mehr als 30jährigen Praxis, von der Feinmechanik bis zum Schwerstmaschinenbau, ist mir kein Fall bekannt, bei welchem das Fabrikat nicht marktfähig herzustellen war, aber in allen Fällen ohne Ausnahme fehlte der Verkaufsmann, der großzügig und unabhängig, nach Fordschen Verkaufspraktiken, den Absatz stufenweise zu steigern vermocht hätte, um dadurch die automatisch folgende Verbilligung des Fabrikates hervorzuzaubern.

Den intelligenten Arbeiter sollen meine Darlegungen veranlassen, Meldung zu erstatten von überflüssigen Hantierungen beim Arbeitsprozeß. Dem Betriebsfachmann mögen meine Anregungen ein Ansporn sein, die Bearbeitungsmethoden zu verbessern. Den Kaufmann mögen sie davon überzeugen, daß dem Verkaufsapparat die größte Aufgabe in einem wirtschaftlich arbeitenden Betriebe zufällt. Dann ist der Zweck meiner Darlegungen erfüllt.

Technisches Denken und Schaffen. Eine leichtverständliche Einführung in die Technik. Von Dipl.-Ing. Prof. **Georg v. Hanffstengel,** Berlin. Vierte, neubearbeitete Auflage. Mit 175 Textabbildungen. XII, 228 Seiten. 1927. Gebunden RM 6.90

Hundert Versuche aus der Mechanik. Von Dipl.-Ing. Prof. **Georg v. Hanffstengel,** Berlin. Mit 100 Abbildungen im Text. V, 49 Seiten. 1925. RM 3.30

Werkstattbau. Anordnung, Gestaltung und Einrichtung von Werkanlagen nach Maßgabe der Betriebserfordernisse. Von Dr.-Ing. **Carl Theodor Buff.** Zweite, durchgesehene Auflage. Mit 219 Textabbildungen und einer Tafel. VI, 227 Seiten. 1923. Gebunden RM 14.70

Leitfaden der Werkzeugmaschinenkunde. Von Prof. Dipl.-Ing. **Hermann Meyer,** Magdeburg. Zweite, neubearbeitete Auflage. Mit 330 Textfiguren. VI, 198 Seiten. 1921. RM 4.—

(W) **Moderne Werkzeugmaschinen.** Von Ing. **Felix Kagerer.** Zweite, verbesserte Auflage. (Technische Praxis, Band III.) Mit 155 Textfiguren und 16 Tabellen. 265 Seiten. 1923. Pappband gebunden RM 3.—

Der Dreher als Rechner. Wechselräder-, Touren-, Zeit- und Konusberechnung in einfachster und anschaulichster Darstellung; darum zum Selbstunterricht wirklich geeignet. Von **E. Busch.** Mit 28 Textfiguren. VIII, 186 Seiten. 1919. Gebunden RM 6.—

Der Fräser als Rechner. Berechnungen an den Universal-Fräsmaschinen und -Teilköpfen in einfachster und anschaulichster Darstellung; darum zum Selbstunterricht wirklich geeignet. Von **E. Busch.** Mit 69 Textabbildungen und 14 Tabellen. VI, 214 Seiten. 1922. RM 4.60; gebunden RM 6.—

Elemente des Vorrichtungsbaues. Von Oberingenieur **E. Gempe.** Mit 727 Textabbildungen. IV, 132 Seiten. 1927. RM 6.75; gebunden RM 7.75

Das mit (W) bezeichnete Werk ist im Verlag von Julius Springer in Wien erschienen.

GPSR Compliance

The European Union's (EU) General Product Safety Regulation (GPSR) is a set of rules that requires consumer products to be safe and our obligations to ensure this.

If you have any concerns about our products, you can contact us on ProductSafety@springernature.com

In case Publisher is established outside the EU, the EU authorized representative is:

Springer Nature Customer Service Center GmbH
Europaplatz 3
69115 Heidelberg, Germany

Batch number: 10682439

Printed by Printforce, the Netherlands